頂尖商業奇才親授!
34堂神效行銷課

The Most Amazing Marketing Book Ever

策略 × 內容 × 社群 × AI

350⁺個成功吸客變現的Web3行銷策略全解析

美國行銷策略專家
馬克・薛佛(Mark W. Schaefer)&作者群 —— 著　　林郁芬 —— 譯

belle vue 57

頂尖商業奇才親授！34堂神效行銷課
策略╳內容╳社群╳AI，350+個成功吸客變現的Web3行銷策略全解析

作　　者	馬克・薛佛（Mark W. Schaefer）&作者群
譯　　者	林郁芬
總 編 輯	曹　慧
主　　編	曹　慧
編輯協力	陳以音
封面設計	比比司設計工作室
內頁排版	楊思思
行銷企畫	鍾惠鈞

出　　版　奇光出版／遠足文化事業股份有限公司
　　　　　E-mail：lumieres@bookrep.com.tw
　　　　　粉絲團：https://www.facebook.com/lumierespublishing
發　　行　遠足文化事業股份有限公司（讀書共和國出版集團）
　　　　　http://www.bookrep.com.tw
　　　　　23141新北市新店區民權路108-2號9樓
　　　　　電話：(02) 22181417
　　　　　郵撥帳號：19504465 戶名：遠足文化事業股份有限公司
法律顧問　華洋法律事務所 蘇文生律師
印　　製　成陽印刷股份有限公司
初版一刷　2025年4月
定　　價　420元
I S B N　978-626-7221-99-0　書號：1LBV0057
　　　　　978-626-7685006（EPUB）
　　　　　978-626-7685013（PDF）

有著作權‧侵害必究‧缺頁或破損請寄回更換
歡迎團體訂購，另有優惠，請洽業務部(02) 22181417分機1124、1135
特別聲明：有關本書中的言論內容，不代表本公司/出版集團之立場與意見，文責由作者自行承擔

The Most Amazing Marketing Book Ever © Mark W. Schaefer 2023
Published by special arrangement with Schaefer Marketing Solutions in conjunction with their duly appointed agent 2 Seas Literary Agency and co-agent The Artemis Agency
Complex Chinese Language Translation copyright © 2025 by Lumières Publishing, a division of Walkers Cultural Enterprises, Ltd.
All rights reserved.

國家圖書館出版品預行編目資料

頂尖商業奇才親授！34堂神效行銷課：策略╳內容╳社群╳AI，350+個成功吸客變現的Web3行銷策略全解析 / 馬克.薛佛（Mark W. Schaefer），作者群著；林郁芬譯. -- 初版. -- 新北市：奇光出版，遠足文化事業股份有限公司，2025.04

　　面；　公分

譯自：The most amazing marketing book ever.

ISBN 978-626-7221-99-0（平裝）

1.CST：行銷學

本書獻給敢於冒險的人、尋求可能性者，
以及不斷推動業務發展的大膽人士。
我們撰寫的每一頁都是為了激發和啟發你的行銷，
並幫助你將願景轉變為蓬勃發展的業務。
因為我們認為你很讚。

Contents

〔前言〕本書何以堪稱史上最神奇的行銷專書？ ……… 008

Part 1 ◇ 策略基礎課

01 行銷策略大爆發 ……… 012
　　——莎曼莎・史東｜行銷策略專家

02 行銷的四個P：行銷組合為什麼很重要 ……… 021
　　——羅比・菲茲瓦特｜數位行銷顧問

03 不能等閒視之的行銷研究 ……… 028
　　——瑪希・科奈特與法蘭克・普蘭德葛斯特｜數位行銷專家

04 新行銷時代的消費者行為 ……… 034
　　——史考特・莫瑞｜內容行銷專家

05 如何打造不同凡響的品牌 ……… 043
　　——大衛・比謝克｜品牌策略與行銷顧問

06 數位戰線的顧客體驗 ……… 049
　　——麗莎・阿波林斯基｜數位成長專家

07 有意義的行銷成效評估 ……… 054
　　——布魯斯・契爾｜行銷顧問

Part 2 ◊ 內容策略

08 打造強有力的內容行銷策略 ……… 064
　　——卡琳·阿布博士｜內容行銷顧問

09 以領域專家與搜尋引擎優化為目標經營部落格 ……… 072
　　——維多利亞·拜寧恩｜行銷專家

10 podcast的力量 ……… 077
　　——瑪莉詠·艾布蘭與查德·帕里茲曼｜podcast製作人與顧問

11 善用影音與YouTube頻道 ……… 084
　　——蘿拉·凡德蓮·多門｜企業資訊科技業務主管

12 直播的力量 ……… 092
　　——伊安·安德森·格雷｜信心直播行銷學會創辦人

13 打造有力的行銷訊息，抓住理想客戶的注意力 ……… 099
　　——艾爾·波以耳與朱塞佩·弗拉托尼｜自由文案撰稿人＆企業策略師

Part 3 ◊ 社群媒體

14 如何打造經得起時間考驗的社群媒體策略 ……… 110
　　——凱咪·海斯｜社群媒體策略師

15 大家都愛Facebook ……… 117
　　——曼蒂·愛德華茲｜數位行銷公司負責人

16 駭進LinkedIn演算法 ……… 124
　　——理查·布里斯｜矽谷銷售顧問公司BlissPoint創辦人

17 抓住TikTok的文化浪潮 ……… 131
　　——喬安・泰勒｜作家兼編輯

18 讓人留下深刻印象的有意識Instagram經營法 ……… 139
　　——瓦倫提娜・艾斯柯巴-岡薩雷茲｜社群行銷專家

19 讓Twitter（即今X）影響力躍增10倍的10個簡單步驟 ……… 145
　　——茱麗亞・布蘭波博士｜社群媒體行銷顧問

20 當個數位廣告英雄 ……… 152
　　——朱爾斯・莫里斯｜行銷領導力顧問

Part 4 ◇ 行銷標準

21 以郵件行銷打造你的事業 ……… 162
　　——傑夫・塔倫｜郵件行銷公司營運長

22 厲害的電子郵件行銷 ……… 168
　　——羅比・菲茲瓦特｜數位行銷專家

23 搜尋引擎優化的魔力 ……… 175
　　——賴瑞・亞倫森｜系統分析師與科技顧問

24 與恐龍共舞：報紙、廣告看板和廣播節目 ……… 181
　　——羅布・勒拉丘｜媒體人

25 促銷產品如何小兵立大功 ……… 188
　　——珊迪・羅德里奎｜促銷行銷顧問

26 策略溝通：信任可以是你的競爭優勢 ……… 194
　　——丹尼爾・奈索｜企業溝通與行銷創新者

27 口碑行銷的神奇力量 ……… 202
　　——札克・席波特｜數位行銷專家

28 社群：行銷的進化 ……… 208
　　——費歐娜・盧卡斯｜社群媒體策略專家

Part 5 ◇ 未來展望

29 個人品牌的魔力 ……… 216
　　——馬克・薛佛｜行銷策略顧問

30 元宇宙的行銷 ……… 221
　　——布萊恩・派柏｜內容策略與評估學者

31 如何利用Web3（NFT及代幣）行銷 ……… 227
　　——喬里・比賴斯特｜Web3行銷策略專家

32 AI行銷一點也不人工 ……… 234
　　——瑪莉・凱瑟琳・強森｜對話式行銷規畫師

33 訴諸情感的體驗式行銷 ……… 241
　　——安娜・布瑞文頓｜行銷策略師

34 包容性行銷：給所有人的行銷 ……… 247
　　——胡椒小溪｜創意行銷策略師

〔結語〕 ……… 254
〔致謝〕 ……… 256

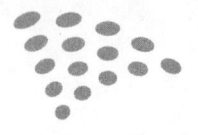

〔前言〕

本書何以堪稱史上最神奇的行銷專書？

神奇的東西會令人「哇」地驚嘆出聲。而我認為本書令人驚嘆的理由如下：

首先，就我所知，這是第一本完全由Web3社群創作的書籍。製作本書的RISE社群是由某代幣化的虛擬貨幣所聚集，彼此以NFT（Non-Fungible Token，非同質化代幣）維繫，在Discord平台上協作，去中心化的全球團隊群策群力，從本書的成功獲得雨露均霑的利益。就連書封都是部分由生成式人工智慧創作的。因此可以說，閱讀本書的各位正在見證一個寫書的新時代！

其次，本書的作者群合計有超過750年的行銷領域經驗。這很令人驚嘆，沒錯吧？

第三，本書突破了內容的藩籬。當今市面上的商業書籍，大多相當於一篇內容鬆散、文長240頁的部落格貼文，這點十分可惜。本書不然。這本書每一頁都是學有專精的行銷專家心血之作，充滿原創而實用的觀念。我要求我的社群友人提出洞見，不能換湯不換藥，只是把你在某處能找到的部落格貼文資

訊拿來重新拼裝組合,而他們不負所託。不論你是經驗老道的專家,或是嘗試建置第一套行銷策略的小企業主,都請你把螢光筆準備好。你在本書中會看到一些新觀念!而且是百分百人力產出的內容。本書絕不摻混ChatGPT或其他AI生成的內容。

最後,這是一本用心製作的書籍。寫書的理由百百種。作者的出發點可能是為了賺錢,為了出名,或實現個人夢想。本書則是體現我們社群精神的力作。

RISE社群成員為一群熱血的商業奇才,我們致力於探索行銷的未來。各位將能體驗來自十個不同國家36位傑出領域專家的獨到見解。我們本著對行銷的熱愛,希望經由這本書助各位一臂之力,也迫不及待要與世界分享我們的理念。

書中的一字一句都是我們的心血結晶。我們成就了這本神奇之作。謝謝你打開本書。

RISE社群創始人 馬克・薛佛(Mark Schaefer)

Strategy Fundamentals

Part 1

策略基礎課

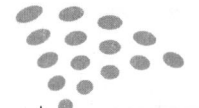 行銷策略大爆發

> 作者

莎曼莎・史東（Samantha Stone）

行銷策略專家，特別專精複雜的購買流程。她的著作《釋放可能：驅動銷售的行銷教戰手冊》（*Unleash Possible: A Marketing Playbook that Drives Sales*）已幫助數以千計的企業領袖達成穩健成長。更多資訊請參閱 www.unleashpossible.com。

先跟各位說個好消息：不必是行銷專家，也能打造高績效的行銷策略。你需要的，是透徹了解你所從事的行業。

在做任何行銷規畫之前，先放下手邊例行工作，回答以下問題：

- 會一再回流的客戶是哪些？他們有什麼共同點？
- 利潤最高的產品或服務為何？
- 你有哪些可預測的收入來源？
- 你的顧客不在購物時，把時間花在哪裡？
- 你賠錢的地方在哪？

- （除了你以外）哪些人熱愛你的事業？為什麼？
- 你事業的財務目標為何？

最後這個問題尤其值得你花時間好好思索，因為答案很大程度上會決定你的行銷策略。你打算擴張據點或擴大事業規模嗎？你有退休後搬到海邊生活的夢想？你認為自己正在打造一個長長久久，能夠傳承給孩子們的事業？你有強烈動機，渴望改變客戶解決問題的方式嗎？

你的行銷策略，應該依據這些個人的事業目標來打造。以下10個方法，有助於幫你建立正確的行銷策略：

1. 衡量整體影響，而非個別活動。我們在評估行銷策略的獲利能力時，可能過於偏重活動指標，而導致錯誤歸因（哪些努力促成了哪些銷售）。買家通往購買的路徑可能是迂迴的。如果你能把行銷當作促進事業體質健康的手段，而非執著於個別行銷活動，會得到比較好的結果。可以把「影響」目標分為三類：

☑ **財務目標**：財務目標應該與營收目標一致。你能達成銷售與銷售流程（sales pipeline）目標嗎？如果你無法把每一筆銷售連結上特定的行銷活動，也不用擔心。你評估的是行銷投資的總體影響。

☑ **價值實現時間**：客戶從感興趣到下手購買的速度有多快？你的平均訂單價值[1]為何？

☑ **擁護**：評估你的社群中，會為你的事業進行口碑宣傳的比率（在第27章會有更詳細的介紹）。

2. 以獲利為目標來定價。虧錢的事業撐不久。定價策略很多，我喜歡用的是「成本加成定價法」（cost-plus pricing）。服務你的客戶需要多少成本？往上再加一個合理的成數，來涵蓋尋找該客戶及未來出現意外支出的成本。若你經常面臨折扣壓力，就得壓低服務成本，改變供應品項，或考慮轉移目標到對價格不那麼敏感的受眾。

3. 配合事業目標，制定適當的行銷預算。在行銷中，點子好壞比預算多少更重要，**然而**，要讓訊息呈現在受眾眼前，還是需要一些投資。大多數研究建議把營收的一成作為平均行銷預算。但事情沒有那麼簡單。投資水準應該反映出你成長擴張的意願強度。舉例來說，假如你想提高平均訂單價值或增加新客戶，需要投入的金額就相對較小。但假如你想在一個沒人知道你的地方設一個全新據點，那就需要投入較多預算，才能建立一定的知名度。

簡單的經驗法則：假如你想提升對現有顧客的銷售，預算應該抓在營收的2%到5%。想為既有的事業開拓新受

眾,預算會落在10％到12％之間。要開始一個全新的事業?那就得以你對最初6到12個月的營收預估為基礎,來訂預算。開頭先保守一點,直到可預測的銷售動能出現,就能相應調整行銷預算。

4. 正確的行銷通路組合。 要決定行銷預算該花在哪裡並不容易,但了解自己的行業,能指引你找到正確的溝通管道。以我的顧問事業為例,我對少數客戶提供高度個人化的服務,這些服務各有不同的價格點(price points)。這種情況下,數位廣告就不適用。反之,對我的隨選課程和書籍而言,因為那是銷量和重複性高的商品,數位廣告就很適合。雖然沒有一體適用的準則,但下表應該能幫助你把錢花在刀口上:

5.「推薦」是你的祕密武器。 在買賣之中加入一些特別而難忘的驚喜,讓顧客除了你的產品之外,還有其他材料可以向別人述說。體貼的小動作,會讓人覺得很窩心。舉例來說,我看過一家小麵包店製作的短片,只要客戶的訂單註明用途是送禮,店家都會附上一份「車餅乾」,讓顧客在取貨回家的路上享用。這肯定令人感到很受寵。

---

1 譯註:即AOV(average order value),又譯「平均客單價」。

通路	內涵	應該投資嗎？
數位廣告	展示型廣告、影片廣告、點擊付費式廣告	若你希望服務大量新顧客，且目標客群相當龐大時，此通路是首選。
平面廣告	報紙、路邊大型廣告看板、活動或場所的廣告標誌	若你的業務有高度的地理中心特性，地點對於服務客戶非常重要時，平面廣告就有效。但若你的客戶在地理上很分散，就跳過這個通路。
媒體報導	配合地方活動作宣傳，參與當地新聞或業界訪談，爭取在活動中講話的機會	當業界環境高度競爭，而本身商品討論度不高時，可以考慮接觸媒體。這是拓展新受眾的好辦法。
辦活動	可以是數位或實體活動，活動可以富教育意義或娛樂性質	若有實體場地與當地受眾，辦活動是打造社群的絕佳方法。若你有不錯的參加數據，且你是人們經常諮詢的意見領袖，數位活動也可能創造很大價值。
贊助活動	包含商展上的攤位或展示桌，或贊助由第三方主辦的數位活動	這場活動的參與者，大部分會是你的目標客群嗎？若否，請避免贊助，因為大部分的曝光都針對了錯誤的社群。
郵件行銷（Direct mail，即DM）	寄給消費者的實體郵件，可能只是一張傳單、一份小禮物或甚至試用品	在你有實體郵寄地址，且對方可藉由郵件找到你的前提下，郵件行銷可有效穿越顧客每天面對的數位汪洋，是觸及顧客的有效手段。

通路	內涵	應該投資嗎？
電郵、簡訊、電子報	促銷業務的定期資訊流，對你的社群來說很重要	若你不具備可以穩定產製內容的資源，請千萬不要考慮這個方法。顧客主要是中老年客層的話，請避免簡訊。若顧客多為年輕世代，透過電郵發送電子報效果可能很差。這個媒介要仔細考慮你的受眾。
網站	專屬於你事業的網站	若你的顧客是「數位優先」（digital-first）型的消費者，且你計畫大幅拓展顧客規模，那麼架設網站會是很實在的投資，尤其若你的商品是很多人會上網搜尋的，網站效果更好。
社群媒體上的粉絲專頁	社交平台（包括LinkedIn、Facebook、TikTok、Discord、Instagram、YouTube、Clubhouse或任何新平台）的粉絲專頁或社群	社群媒體上的粉絲專頁與網站的最主要差異，在於前者以互動為目的。去了解你的受眾，掌握他們把時間花在什麼地方。若你準備好要投入資源打造社群，這條途徑值得好好耕耘。現在光靠定期發文效果已經不夠了。
Podcast／廣播	廣播節目與podcast上的廣告和訪談	你的受眾聽廣播嗎？有沒有podcast是與你的業務高度相關、而且會訪談來賓的？

Part **1** 策略基礎課　　017

通路	內涵	應該投資嗎？
禮品	用致贈禮品來表達對顧客的感謝，不失為開啟新商機與提高忠誠度的好辦法	有些任職於公家機關或大公司的客戶不能收受禮物，但除此之外，贈禮是建立互惠關係與開啟新對話的機會。
贊助	贊助對象可以是地方運動隊伍，也可以是賽車或明星運動員等關注度較高的對象	符合本身事業價值與產品種類的贊助案可能發揮效果。但要避免出於個人興趣或嗜好，去贊助與自己業務沒有明顯關聯的對象。
具思維領導力的內容	書籍、教育性質的影片與認證計畫	若你顧客的購買流程較為複雜，牽涉多位決策者，內容導向的策略就很管用。但若顧客主要是不太有周詳計畫的衝動購買，這方面就不那麼重要。
協會	加入行業或產業協會	若你的產品或服務以多個不同的市場區隔為目標、容易說明，**而且**你有時間參加活動，加入協會可能是個好策略。
顧客評價	顧客針對與你的業務往來所寫的書面見證	你不能強迫顧客寫評價，但你可以也應該鼓勵他們，特別是當你與買家有個人互動，而且可以察覺對方非常滿意你的產品或服務的時候。

6. 與客戶進行不以銷售為目的的交流。數據能告訴我們顧客採取**什麼**行動,但不能告訴我們**為什麼**。花點時間進行訪談,了解顧客如何與你的事業互動,這樣能發覺未來的**趨勢**,找到定義你事業價值的新方法。知道你提供的商品或服務中的哪個部分讓客戶看到最大的價值,有時會讓你大吃一驚。

7. 把眼光放在顧客身上。我住的城市裡有許多家Dunkin'咖啡店,每家賣的東西都一樣。但我知道有人會捨近求遠,放著一個街區外的門市不去,千里迢迢開車到市區另一頭的某家門市。為什麼?因為他們喜歡到店員記得他們會點什麼,而且會笑著與他們打招呼的店裡喝咖啡。其他公司或許能複製你的產品和服務,但他們無法複製你的待客之道。

8. 留意你的資料庫。你的行銷資料庫,是你與顧客及潛在顧客溝通的重要工具,而且往往是免費的工具。在互動過程中,設法讓訪客加入你的行銷資料庫,不管是取得對方同意收到你的電郵或簡訊,還是加入你在某個社群媒體上成立的社團都可以。發揮創意,放上QR碼,在結帳流程中加入邀請的選項,想想看在履行訂單的過程中哪裡可以放入邀請。

9. 鼓勵員工擁護自家企業。 若你的事業讓員工都感到興趣缺缺，怎麼能期待顧客感到興奮呢？創造一個環境，讓員工能驕傲地談論自己的工作，而且要讓他們很容易把話傳出去。給員工一些可以分享給朋友的特別內容或折扣，也可以在社群平台放上員工側寫，表揚員工的特有能力，鼓勵他們私下在社群平台上分享照片。你看過TikTok上那位「冰雪皇后」（Dairy Queen）冰淇淋蛋糕裝飾家嗎？她是個擁有超過百萬粉絲的17歲少女。每次看到她可愛的創作，我就有買冰淇淋的衝動！

10. 以觸發式行銷培養潛在顧客（trigger-based lead nurturing）。 要是買家每次跟我們互動都會買點東西就好了，可惜現實並非如此。以觸發式行銷模式培養潛在顧客，能讓你為買家的每個行動定位，並思考你要採取的下一步，好推動他們繼續往購買前進。

舉例來說，對於造訪你的網站部落格頁面的訪客，鼓勵他們訂閱部落格，可能就是明智的下一步。假如他們不是造訪部落格，而是人到了你的產品展示會現場，你的下一步也許是分享顧客評價和報價。可以從列出10種最常見的互動著手。

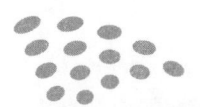

02 行銷的四個P：
行銷組合為什麼很重要

作者

羅比・菲茲瓦特（Robbie Fitzwater）

任教於克萊門森大學，創辦MKTG Rhythm，協助電商企業解鎖隱藏的收益潛力。更多資訊請參閱mktgrhythm.com。

　　由產品（product）、價格（price）、促銷（promotion）和通路（place）這四個P組成的行銷組合，是行銷學上經典的長青概念。自從傑洛米・麥卡錫教授（E. Jerome McCarthy）在1960年提出以來，[2]此一概念在行銷界引起的辯證和討論之多，恐怕沒有幾個主題能出其右。如今論辯的核心在於這個概念的重要性：在行銷已經歷巨大轉

---

2 作註：McCarthy, E. Jerome. Basic Marketing: A Managerial Approach. Homewood, Ill.: Richard D. Irwin, 1960.

變和進化的今日,這個60多年前提出來的總括式行銷架構還有價值嗎?這可能嗎?

簡單說,答案是肯定的。「行銷四P」的重要性與意涵也許有所改變,但總的來說,在行銷決策上,它們依然提供了一個堅實的基礎和好用的策略架構。

原因是這個架構涵蓋面既廣,又容易執行,讓行銷人得以從更全面的角度來審視策略。在現今的世界裡,角色分工愈來愈細,科技日新月異,行銷人更需要有工具協助以綜觀全局。產品、通路、價格與促銷的重要性**更甚以往**。「行銷四P」就像好酒一樣,愈陳愈香──即便在這個數位世界依然如此。

接下來我們探討產品、通路、價格和促銷的10大轉變,以利你在行銷策略中落實它們。

1. 你的產品不只是你賣的東西。產品與服務固然重要,但在消費者眼中,「產品」所代表的已經不只是產品本身。如今的「產品」,還包括建構在其周圍的意義系統:產品的故事、社會認同(即評價與使用者原創內容[3]),及支持產品的附加價值內容。這個意義系統也包括消費者和你的品牌之間的互動,及你的品牌如何讓消費者述說關於他們自己的故事。在產品與服務競爭空前激烈的此時此刻,設法讓

你的品牌與其他商品作出區隔就更形重要。你為客戶創造的體驗，還有你在每個接觸點帶給對方的感受，都需要費心經營。

2. 在打造產品前，先打造受眾。 媒體的百家爭鳴，意味著已經沒有什麼能阻擋任何人或任何東西（例如AI）經營一批熱情的受眾。如今行銷人可以先藉由內容打造一批忠實受眾，之後才打造滿足這些受眾需求的產品。先開發受眾是一種逆向工程，首先了解你受眾的問題，而後再善體人意地創造解決方案。同時，由於品牌與消費者間的距離拉近了，與消費者之間的回饋迴圈會更緊密，能獲得更多真知灼見，產品也會更契合市場需求。舉例來說，愛蜜莉・韋斯（Emily Weiss）在2010年開設了「Into The Gloss」部落格，擁有一批熱情的受眾，之後才於2014年為他們推出四款產品。她的公司Glossier如今已是市值超過10億美元的企業。[4]

3. 社會認同掌握了你產品的生殺大權。 身為消費者，我們不會在沒有社會認同之下做購買的決定。今日的消費者

---

3 譯註：使用者原創內容（user-generated content，簡稱UGC），指藉由品牌或商品的使用者自行產出內容並分享到網路上，以獲得關注，提高品牌或商品的知名度或討論度。

4 作註：Weiss, Emily. "Into the Gloss." https://intothegloss.com/.

太習慣在購買前先參考各種評價、顧客證言和使用者原創內容，就怕遭遇踩雷的不愉快經驗。所以，除非你是掌握較多主導權的奢侈品品牌，否則你就必須採取鼓勵使用者公開分享評價和內容的策略。亞馬遜已經把我們訓練得很好，在決策過程中一定會有驗證評價這一步。但說了這麼多，前提是你的產品能帶給使用者良好的體驗。若否，這個產品是死路一條，評價只是讓它死得更快而已。

4. 價格即品牌。 要把品牌定位成「大量生產的商品」，沒有比不停削價更快的辦法。在如今的數位場域，定價透明度變高，品牌更容易在競爭導向定價中，被拉進所謂的「逐底競爭」。曾有精品品牌為了避免降價求售導致品牌形象降格的風險，寧可一把火燒了過季商品。你應該不至於需要做到這個地步，但要小心，若所有東西永遠都有折扣，這樣的折扣價格和你的品牌定位，也會從此深植人心。

5. 價格不只是你支付的金額。 在當今世界，幾乎什麼東西都可以經由多種不同管道取得，而產品價格並非顧客心中的唯一考量。舉例來說，取得產品的方便性如何？或者你購買的平台提供多少安全性？若你是在亞馬遜網站上下單，你可能願意付高一點的價錢，因為送貨便利，而且有30天內退貨全額退款的保證。若消費者認同某企業或產品的宗

旨，也可能願意多付一點錢。

6. 通路不再只是一個地點。 如今「通路」的涵義，已經擴充到你吸引顧客、與顧客互動的**所有地方**。採全通路（omnichannel）行銷的企業，會提供顧客多種購買管道，例如零售夥伴的據點、自有的電商門市，或如亞馬遜或沃爾瑪等平台，甚至經由第三方服務，例如UberEats或Instacart。

7. 通路也是一種商業模式。 銷售通路眾多，每種都有各自的優勢。資源要如何分配，需要多層次的考量和評估。例如企業多半很注重「直接對消費者」（direct-to consumer，又稱D2C或DTC）的通路，因為這些通路不經過中間人，獲利機會更高。同時，因為你與每個顧客有直接連結，極大化「顧客終身價值」（customer lifetime value，CLV）的機會也會高得多。這就好比在自有土地上蓋房子，而不是在租來的土地上蓋房，對顧客體驗也能有更佳掌控。

8. 消費者看見的是你的事業，不是你的通路。 行銷人經常在這一點上太過短視。在組織內，事業單位與銷售通路之間的區別也許顯而易見。但消費者從所有的行銷管道和接觸點看到的，都是同一個事業。因此，散布在各通路間的接

觸點，必須要一致而無斷點，必須能營造一個全方位的品牌體驗。通常，使用全通路的顧客會是帶來最高利潤的客戶，因此務必多多徵詢他們的使用體驗，隨著他們的需求與期望精益求精，並隨著科技的發展與時俱進。

9. 促銷不能只是促銷。 過去的促銷，指的是你向世界呈現產品和服務的方法，通常是透過傳統廣告媒介、看板、贊助，以及合約、試用和贈品等方式。這些手段都聚焦在為你的產品創造需求，但並沒有提供清楚的評量方式。如今我們有許多不同也更精準的方法，在顧客旅程（customer journey）中的每個階段，對顧客進行接觸、激發和轉換[5]，達成顧客契合[6]。從社群媒體到自然搜尋[7]，都是除了交易之外增加價值的途徑。行銷人必須運用更為個人化的互動，在讓自家品牌被世界看見的同時，也建立顧客的信任。

10. 人可以幫你促銷。 使人做出購買決定的，往往不是品牌本身，而是其他人。讓消費者與你的品牌產生共鳴的訊息，有時根本不是出自你的手筆，且在許多狀況下，也不該出自你的手筆。網路世界孕育了蓬勃的溝通、討論，也使消費者成為產品促銷上一股強有力的力量。尤其隨著網紅的崛起，突然多出了許多「微名人」（micro-celebrities），他們因為分享自己的專業知識而得到名氣，擁有一批受眾。借

用他們建立起來的名氣和信任,為自家產品創造需求,是促銷產品最快速有效的方法之一。

---

5 譯註:在行銷學中,「轉換率」(conversion rate,CVR)是評估電商成效的重要指標,定義為「單次廣告互動的平均轉換數,以百分比表示」,也就是當消費者進入你的網站後,完成轉換目標的機率。轉換目標不一定是「完成結帳」這個動作,訪客進入網站的每一個動作都可能提供價值,比如註冊會員、加入Line好友、訂閱品牌電子報等,都可以作為轉換的目標。

6 譯註:行銷學上「顧客契合」(customer engagement)的常見譯法還包括「顧客互動」、「消費者參與」等,本書依上下文可能採用不同譯法。顧客契合是一種顧客和品牌之間的情感連結,透過長期的雙向互動、溝通,以及良好的顧客體驗來建立,能提升顧客對品牌的忠誠度。

7 譯註:「自然搜尋」(organic search)相對於付費廣告,指的是搜尋引擎上非付費的搜尋結果,頁面上出現的網站是搜尋引擎演算法根據網站內容與使用者意圖的關聯性排序而成。

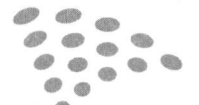

03 不能等閒視之的
行銷研究

> 作者

瑪希・科奈特（Marci Cornett）
& 法蘭克・普蘭德葛斯特（Frank Prendergast）

這對夫妻檔是曾獲許多獎項的數位行銷專家，專長為協助個體經營者與小型企業的線上成長。更多資訊可以參閱LinkedIn與www.frankandmarci.com。

就在鞋履品牌Converse創立即將屆滿100週年時，該公司的行銷團隊差點犯下大錯。幸虧有行銷研究拉了他們一把。[8]

當時該公司行銷長傑夫・柯特利爾（Geoff Cottrill）領導的行銷團隊，原本計畫主打Converse為「百年傳承的籃球品牌」。如果不是做了行銷研究，他們差點就強推這個自我感覺良好的訊息，渾然不知這點對消費者而言根本沒什麼說服力。「說真的，你一直在講你有多老……那我會覺得你

真的老了。」這是焦點團體訪談中一個年輕人的心聲。

得知研究結果後，行銷團隊放棄了百年傳承的品牌概念。事實上，他們大刀闊斧調整行銷策略，聚焦在顧客所重視的點上。在柯特利爾領導行銷團隊的九年期間，匡威從市值3億5000萬美元，成長為30億美元的公司。

你也許會覺得自己不過是一家小公司，怎麼去學市值數億美元的企業？但事實上，你非學不可——尤其現在的行銷研究成本效益高，大家都負擔得起。數位工具的興起，使我們很容易能取得人們的回饋，用來改善自家行銷。讀過以下訣竅，你就會知道如何進行行銷研究，進而達成以顧客為中心的（換句話說就是成功的）行銷。

1. 運用簡易工具。 數位工具使一些最常見的行銷研究方法變得極易執行，所以不做行銷研究已經說不過去。只要一台連上網的筆記型電腦，就能組織焦點團體訪談，也能做一對一訪談和行銷調查。經由第三方研究公司的網站，可以取得大量關於人口統計、興趣嗜好及行為的資料。藉由工作階段錄製（session recording）程式、熱點圖（heatmap

---

8 作註：Goddard, Jackie. "The Creativity, Philosophy and Art of Marketing." Power To Speak - The Podcast, September 20, 2022. Podcast. https://atticuscreativeconversations.podbean.com/e/the-creativity-philosophy-and-art-of-marketing/.

軟體和分析工具，也可以取得相當數量的觀察研究資料（即對處於自然狀態下的消費者進行觀察所得的資料）。甚至有企業鼓勵消費者一邊購物一邊陳述腦中想法，在手機上側錄自己的購物體驗。務必開始善用這些工具，若完全不做行銷研究，你行銷時發出消費者無感訊息的風險會更高。

2. 定義清晰的目標。沒有清晰的目標，你的研究可能很快就失控膨脹，或根本派不上用場。投入任何研究計畫前，請先清楚回答以下問題：這個研究的目的是什麼？比方說，是為了改善某個既有產品？要發掘行銷訊息的靈感？還是為了建立「顧客人物誌[9]」？定義目標能使研究聚焦，這會決定你要用的研究方法、要問的問題和對象，以及你分析並解釋取得的資料後，要對研究結果做何反應。

3. 獲取關於「什麼」和「為什麼」的資料。為了得到更完整的顧客圖像，行銷研究應該同時包含量性和質性資料，前者為一個數值，後者為一個不易量測的敘述。量性資料能告訴你，潛在顧客在做或在想**什麼**。量性資料的取得方法為透過封閉性的問題或提示，例如「請就您對我們服務的滿意度評分，最低分為1，最高分為10。」但只有質性資料，才能解釋「什麼」背後的「為什麼」。質性資料是針對開放性問題的答案，例如「開始使用本公司的方案後，您

的生活有什麼樣的改變？」這些答案裡往往蘊藏許多真知灼見。

4. 把調查作為你的起點。如果你是行銷研究的菜鳥，不妨從做調查開始，這很容易，又不貴，而且可以快速取得大量資料。雖然傳統上調查主要用來取得量性資料，但也很適合用來獲取質性資料。如今網路上有許多工具，讓調查表單的建立、傳布和分析變得非常容易。

5. 用一個問題得到核心訊息。這是一道每個小公司都應該調查的簡單問題。訪客在你的網站上接受任何一個提議之後，把他們導向一個感謝頁面，頁面上包含一個只有單一問題的調查：「請問您生活中遇到怎樣的狀況，促使您今日想（收到我們的電子報／預約試用／訂購這個方案……）呢？」Copyhhackers創辦人威博（Joanna Wiebe）指出，這個問題的答案會揭示無價的顧客情報，例如他們試圖解決什麼樣的問題，以及他們在達成目標上遭遇什麼阻礙等。

6. 以多重來源強化你的資料。一個提高行銷研究正確性和可靠度的辦法，就是盡可能做到資料的多重檢核，也就

---

9 譯註：顧客人物誌（customer persona），又譯「受眾頭像」，是一種行銷技巧，藉由創建理想客戶的虛擬形象深入理解他們的需求和行為。此技術能把大範圍的市場細分，準確描繪目標客戶的特徵，有助於制定更精確的行銷策略。

是你的任何「直覺」，都有至少三種不同的資料來源支撐。例如，假設你打算優化網頁，提高轉換率，在這個目標下要達到資料的多重檢核，首先可以用「工作階段錄製」工具，找出網頁上的問題所在。接著可以發送調查表單，著手了解你掌握到的這些區域為何有問題。最後進行顧客訪談，進一步深入確認和挖掘先前調查得到的結果。有了這三個不同的資料來源，就能建立有資料作為後盾的堅實構想，進行網頁優化。

7. 多利用訪談，取得更深入的了解。 剛開始做一對一訪談可能會覺得滿可怕，但一回生二回熟，而且你會發現這麼做很值得。一對一訪談是公認最優秀的行銷研究方法之一。有時僅僅三場訪談，就能挖到行銷金礦。你可以先擬好問題清單，但要準備隨時臨機應變；溫和地提問，獲取更多細節，把受訪者帶往比表面回答更深入的地方。你的問題會依研究的整體目標而定。但有個小訣竅，開頭可以先請受訪者描述他們發現自己有問題需要解決那個時刻的情境。他們的回答，會讓你對自己的解決方案如何契合入對方的生活有更深刻的了解，這是進行有效行銷的關鍵。

8. 小心不要影響對方的回答。 在行銷研究中要避免問引導性的問題──也就是促使對方做出某特定回答的問題。

盡量以中性的問題，來引發深刻而充滿情感的回答。比方說，「我們對手的產品，讓您最不喜歡的點是什麼？」就是個引導性的提問，可能迫使答題者對該競爭者雞蛋裡挑骨頭。「您從他們的產品轉而選擇敝公司的產品，原因是什麼呢？」這樣問就比較中性，比較不會影響受訪者的作答。

9. 為預期外的情報保留空間。每一場訪談與調查的末尾都應該以這個問題作結：「您是否還有什麼要補充的？」這個簡單提問所引發的回應，可能會讓你大吃一驚。顧客往往會說出許多心聲、想法和意見，是你連想都沒想過要問的。

10. 把「非買家」納入調查研究，取得更平衡的觀點。完全只聚焦現有顧客，蒐集到的資料難免失之偏頗，因此請把非買家也納入調研範圍。向他們請教：「您沒有選擇敝公司產品的原因為何？」這有助了解阻礙購買的障礙和焦慮。這些質性資料能讓你在行銷上針對這些障礙及焦慮多下工夫，幫助潛在顧客克服它們。企業家兼暢銷作家塞西（Ramit Sethi）建議，可以問問像是「為了達成您想要的結果，您會怎麼做？」這類問題，也許能得知你原本不知道的潛在競爭者資訊。這些資料能幫助你改善產品，在競爭中脫穎而出。

04 新行銷時代的消費者行為

> 作者
>
> 史考特・莫瑞（Scott Murray）
>
> 結合20餘年的內容行銷經歷與涵蓋範圍廣泛的溝通教育，協助企業與其最重要的受眾建立更好的溝通。更多資訊請參閱ScottMurrayOnline.com。

在消費者一定會看電視、聽廣播，或閱讀某些刊物的年代，行銷人的日子比較單純。那時消費者行為的可預測度高，企業只需要做單向溝通，然後就等消費者拿起電話訂購，或到店裡購物時找找他們的產品。

創意內容行銷公司Brafton把那個時代稱為「行銷時代」（Marketing Era）。自1980年代起，品牌原本都可以靠著廣告替自己發聲。但網路與社群媒體的興起，砰地一聲為那個時代關上了門，也替不能光靠單向溝通的新世界拉開序幕。這個由現代消費者主控的局面，Brafton稱為「關係

時代」（Relationship Era）。[10]

在如今的「關係時代」，討厭廣告的消費者可以屏蔽、忽略任何他們覺得像是廣告的東西。同時，網路世代本能地會去尋求具有個人化與價值驅動特性，也更人性化的雙向溝通。有鑑於這個新時代為行銷人帶來相當的挑戰，以下提供十個重點，幫助行銷人與消費者打造更好的溝通與連結。

1. 避免引起消費者反感的「行動呼籲[11]」。 一份針對包括Nike與Amazon在內的品牌，在Facebook與Twitter（2020年改名X）上發布的41,000則貼文[12]所做的研究顯示，消費者傾向忽略那些要他們「了解詳情」或「前往」某大型促銷活動的貼文訊息。這說明了行銷時代主流的單向溝通，在今日的社群媒體上已經很難引起消費者共鳴。這份研究的結論：「社群媒體上的人不喜歡被指示去做這做那，他們覺得那是廣告會要他們做的事。在社群媒體上，品牌必須

---

10 作註：O'Neill, Michael. "The Evolution of Marketing (Infographic)." Brafton, October 4, 2021. https://www.brafton.com/blog/ content-marketing/evolution-of-marketing/.

11 譯註：「行動呼籲」（call to action，CTA）是數位行銷領域的元素，指透過簡短的文字、圖片、按鈕等方式，促使受眾進行指定的行動，如「立即購買」、「點我了解更多」、「訂閱電子報」等。

12 作註：Ordenes, Francisco Villarroel, Dhruv Grewal, Stephan Ludwig, Ko De Ruyter, Dominik Mahr, and Martin Wetzels. "Cutting through Content Clutter: How Speech and Image Acts Drive Consumer Sharing of Social Media Brand Messages." Journal of Consumer Research, 45 no. 5 (February 2019): 988-1012. https://doi.org/10.1093/jcr/ucy032.

找到方法加入消費者的對話。」

2. 用實力贏得按讚數。去年，LinkedIn宣布降低那些要消費者按讚、留言、分享的「誘餌式貼文」的觸及率。他們認為這等於要求消費者去做使內容提供者受益的事，而大家不喜歡這種感覺。優良的內容應該自然能激發消費者按讚留言分享。

3. 重點在提供受眾連結，內容反而是其次。Orbit Media公司[13]的一份研究顯示，消費者在社群媒體上關注品牌，是為了與人連結、體驗人際互動（雙向溝通）。這個發現，與行銷人一般認為人們是因為品牌的內容才關注他們（即一種「軟訂閱」）的認知不同。

4. 向競爭者展現一點愛意。消費者想在企業與自己、及企業與其競爭者的互動中看到人性。2021年，美國行銷協會（American Marketing Association，簡稱AMA）做了幾個實驗[14]，結果顯示，當品牌恭維其競爭對手時，本身的聲譽和銷量都會上揚。

其中一個實驗假冒Kit Kat巧克力發出兩則推文。第一則向消費者喊聲，要他們以該公司美味的食物開啟每一天。第二則推文則恭維競爭對手Twix巧克力在業界屹立56載，並承認對方的產品確實可口。美國行銷協會得到的結果是：

「看到Kit Kat讚美Twix貼文的網友，比起看到Kit Kat捧自家產品貼文的網友，購買Kit Kat的頻率高出34％。而且最重要的是，即便Kit Kat說Twix產品可口，但Twix的銷量並未增加。」

5. 大家都在做的，也別盲目跟隨。 說到競爭者，也許我們應該多花點時間研究他們**沒**在做的事，而不是跟著做他們也在做的，只是試圖比他們做得更好一些。以部落格為例，據估計網路上共有六億個部落格，若用產業關鍵字搜尋，你可能會發現很多部落格的內容都重複了——消費者也會發現這一點。何必去寫一些他們即使來到你的網站，也可能會跳過不看的東西？

Google在「實用內容演算法更新」（Helpful Content Updates）[15]中，鼓勵創作「以人為本的內容」，並舉例指出，應該避免像是「總結老生常談而未加入任何價值」或

---

13 作註：Crestodina, Andy. "[New research] Social media psychology: Why do we follow? Why do we share? Here are 5 things marketers miss." Orbit Media Studios. https://www. orbitmedia.com/blog/social-media-psychology-research/.

14 作註：Zhou, Lingrui, Katherine M. Du, and Keisha M. Cutright. "Befriending the Enemy: The Effects of Observing Brand to-Brand Praise on Consumer Evaluations and Choices." Journal of Marketing 86 no. 4 (2022): 57-72. https://doi.org/10.1177/00222429211053002.

15 作註："What creators should know about Google's August 2022 helpful content update." Google Search Central Blog, August 18, 2022. https://developers.google.com/search/ blog/2022/08/helpful-content-update.

「讓讀者感覺需要再次搜尋才能從其他來源得到更佳資訊」的內容。

何不試著提供一些新觀點？在質重於量的今日，「關鍵字策略」已經不敷使用。而部落格的品質，就看其是否能呈現新的研究結果、協作者（其他業界人士）觀點，以及企業內部人士的視角。

如今許多企業已經懂得去評估消費者接觸內容時的體驗。對方是否受到吸引？停留多長時間？引起他們興趣並促使他們採取（正面或負面）行動的因素是什麼？

6. 在乎不能光靠嘴巴說——要表現出來。要對消費者關注的面向表達認知和同理，需要多留意時事和當前的趨勢。最近的這個感恩節購物季，沃爾瑪宣布顧客能以與前一年相同的價格置辦感恩節大餐。沃爾瑪高階主管約翰·雷尼（John Laney）在聲明中直接提到物價上漲、民生困難的近況。[16] 對顧客的了解，使沃爾瑪做出並執行了這個決策。

「這麼多年下來，我們很清楚顧客在感恩節時都買些什麼。基本食材都在裡頭，像是火雞、火腿、馬鈴薯和填料，另外也提供便利的品項，比如加熱即可享用的乳酪通心粉，或現烤出爐的南瓜派等，我們保證這些品項的價格都不會比去年高。」雷尼說。

7. 讓消費者容易找到資訊——不然就閃一邊去。 消費者必然會搜尋定價及其他透明資訊，沒有什麼理由不提供這些資訊——尤其競爭者沒有分享時，我們更要開誠布公。網路行銷專家馬庫斯・薛萊登（Marcus Sheridan）是享譽國際的演說家，他指出，對競爭的病態執著，會阻礙品牌提供給消費者他們想要的資訊。這包括不願意分享定價資訊、產品優缺點或其他解決方案，唯恐對手會利用這些資訊對自己不利。另個擔憂是「高價」會嚇走消費者。但那些會被嚇走的人，其實買的機率本來就不高，跟你的品牌「不合」。[17]

薛萊登在其著作《有問必答》（*They Ask, You Answer*）中，說明為何讓對的消費者來影響你的內容決策至關重要：「你的競爭對手不會幫你付房貸，那些跟你的品牌不合、永遠不會變成你顧客的人不會幫你付員工薪水，所以奉勸各位，把心思放在對你而言真正重要的那群人身上。」

8. 引領顧客找到價值——即使那不是你的價值。 消費

---

16 作註：Laney, John. "Walmart is Helping Customers Set the Table this Holiday Season with This Year's Thanksgiving Meal at Last Year's Price." Walmart, November 3, 2022. https:// corporate.walmart.com/newsroom/2022/11/03/walmart is-helping-customers-set-the-table-this-holiday-season with-this-years-thanksgiving-meal-at-last-years-price.

17 作註：Sheridan, Marcus. They Ask, You Answer: A Revolutionary Approach to Inbound Sales, Content Marketing, and Today's Digital Consumer. Hoboken: Wiley, 2019.

者行為經常顛覆我們對競爭的一般想定，頻率之高可能令你大吃一驚。舉例來說，你曾經在部落格中放上競爭者的連結嗎？內容行銷專家、同時也是暢銷作家的尼爾‧帕特爾（Neil Patel）就這麼做過，而且他鼓勵其他行銷人依樣畫葫蘆，理由是他們產製的內容並不一定總是最好的，而競爭者也許會產出相當優質、值得分享的內容。藉著提供連結，你向顧客提供了更大價值，也證明你把他們的需求放在第一位。而且，帕特爾指出，這麼做對你的Google搜尋排名可能有正面影響，因為這傳達了你所在產業的線上「芳鄰」的重要資訊。[18]

9. 在消極心態中營造信任。據估計，網路上有19億個網站、6億個部落格，[19]這就不難了解，為什麼消費者造訪某個網站時，對該網站的可信度、價值和意圖會驟下判斷。畢竟，他們有過太多不愉快經驗，別人想方設法讓他們做這做那，最終都是他人得利，自己一點好處都沒有。那些伎倆包括點擊誘餌[20]、門控內容[21]、強烈推銷訊息與自動播放影片廣告等。這些經驗促使消費者在很短時間內就對你的意圖進行認知及判斷。

有鑑於大眾有太多這樣的負面經驗，行銷人不妨先假設消費者會持懷疑態度，在這樣的假設下思考內容取向。動腦

想想怎樣才能與眾不同、提供價值,怎樣表達態度、創造對話,並建立信任。打破負面經驗築起的高牆,製造神祕,引起好奇與興趣。

10. 培養正面的情緒反應。檢視現代消費者行為案例,會發現情緒反應是其中一個恆常要素。當品牌製作看起來自私自利、指揮消費者做東做西的內容時,會引起負面反應。對競爭者展現人性的溫暖、提供解答和參與雙向溝通的內容,則引發正面反應。南西・哈赫特(Nancy Harhut)在其著作《行為科學在行銷中的運用》(*Using Behavioral Science in Marketing*)提到[22],這些可預測的消費者行為,能經由某個情緒為首的反應所引起或觸發。她指出:「各種購買行為經常是先在情感上下了決定,而後才用理性的原因去予以正當化。」

---

18 作註:Patel, Neil. "Should You Link Out to Your Competitors?" YouTube, June 29, 2017. https://youtu.be/DC8LZx4zNKU.

19 作註:Wise, Jason. "How many blogs are there in the world in 2023?" Earthweb, November 29, 2022. https://earthweb. com/how-many-blogs-are-there-in-the-world/.

20 譯註:點擊誘餌(clickbait),例如以聳動標題騙取點擊。

21 譯註:門控內容(gated content)是指需要潛在客戶分享其聯絡資訊等個人資料後才能取得的內容。

22 作註:Harhut, Nancy. Using Behavioral Science in Marketing: Drive Customer Action and Loyalty by Prompting Instinctive Responses. London: Kogan Page, 2022.

今日的消費者希望企業能把他們當人對待。我們在心理、溝通和情緒上畢竟都有數十年的研究成果，要做到這點應該沒那麼困難——特別是若這些見解反映出你的部分消費者行為。

05 如何打造
不同凡響的品牌

> 作者

大衛・比謝克（David Bisek）

品牌策略與行銷顧問，從業近20年的時間裡，為大企業及小型新創公司打造不同凡響的品牌及行銷策略。更多資訊請參閱davidbisek.com。

提到「品牌打造」，我們腦中往往會浮現某個品牌標誌，不然就是筆記型電腦上的貼紙或建築物外的招牌。這也不能說不對。事實上，為品牌設計優秀的視覺標誌固然是品牌打造中重要的一環，但品牌的打造遠不只設計標誌那麼簡單。

打造品牌是向內聚焦的過程，在這個過程中釐清你希望品牌代表的個性、價值或觀念，最終用這些向你的受眾行銷。行銷則是向外聚焦的行動，在行動中與目標受眾溝通，發送你希望他們收到的訊息。

品牌打造與行銷，兩者相輔相成。

市面上優秀的品牌很多，但我們不要滿足於優秀，而要以打造不同凡響的品牌為目標。不過，什麼是不同凡響的品牌？不同凡響的品牌能給予目標受眾難以忘懷的體驗，它代表某種價值，許下承諾，並持續不懈履行這些承諾，超越眾人期待。和它互動的顧客珍視它，替它工作的員工引以為傲。

要建立不同凡響的品牌，首先必須有優秀的產品或服務。若在提供顧客商品的過程中出現狀況，得花時間好好解決。產品或服務本身夠可靠時，品牌的打造就會容易許多。

以下10個訣竅，能幫助你打造不同凡響的品牌。

1. 往內看，了解自己的事業。在這個步驟裡，你得回答許多問題。你的事業有何特別之處？你擁護的企業價值是什麼？你的事業是否有不可妥協的堅持？在這個市場上，你獨一無二的地方在哪？有時回頭想想當初為何創業會有幫助。草創之初想達成什麼使命嗎？當時目標是想提供市場上最棒的產品嗎？把你事業的核心價值寫下來。

2. 向外看，了解你的目標顧客。假如你剛入行，也許只能憑猜測，但若已在業界一段時間，對顧客應該有相當的了解。試著回答這樣的問題：我的顧客重視什麼？對他們來

說重要的是什麼？他們面對什麼樣的挫折？寫下你目標顧客的屬性，愈確切愈好。持續努力，加深對顧客的了解。

3. 四下看看，找出競爭者。市場上還有哪些其他品牌？有些行銷人把這稱為**競爭分析**。做這個分析有不同方法，但基本上就是要了解你的目標客戶除了你家產品之外，還有什麼其他選擇。直接競爭者（相同的產品／服務種類）及間接競爭者（你的產品／服務之外的其他選擇）各是哪些？你的對手做出什麼承諾？什麼能將你的品牌與對手區別開來？要找出你的品牌最適合切入的地方。把競爭對手的承諾寫下來，尋找你的品牌切入的機會。但要記得，品牌定位的前提是你要能說到做到。

4. 發展品牌個性與觀點。你的品牌必須具備能向市場展現的個性。它是個正經八百、非常知性，或權威可靠的品牌嗎？或者它是個時髦而詼諧機智的品牌？要決定品牌個性，可以參考第2（你的顧客是誰）和第3點（你的競爭者是誰）。找出一個與你的競爭者有所區別，但又與你的顧客一致的定位。找出自己的品牌個性，對未來製作行銷內容也有幫助。把你品牌個性的特徵寫下來。

5. 小心建立品牌的視覺識別（visual identity）。有些企業還沒花時間好好理解前面幾點，就直接跳到設計標誌這

Part 1 策略基礎課 045

一步，這是個錯誤。你必須先對訴求對象和自己與眾不同之處有相當掌握，設計人員才能為你的品牌設計更有說服力的視覺象徵。這也是我會建議你找專業的企業標誌或品牌設計人士合作的原因。專家通常對顏色、圖像、符號等都有豐富經驗，能把你的品牌化為醒目**又**容易記憶的標誌。要訣：考慮從你的目標國或目標地區聘用專家。他們比較能了解當地文化的眉眉角角，幫你避開無意間惹怒顧客的設計。

6. 永遠帶給顧客不同凡響的體驗。當顧客體驗過你的品牌（可能是好的也可能是壞的體驗），這份體驗就會創造一種情感連結。這就是為什麼你要以帶給顧客美好體驗為目標。但這種好事不可能憑空發生，而是必須經過刻意的設計。回答下面兩個問題：顧客與我的品牌互動時，我希望他們**感受**到什麼？關於顧客與我的品牌互動的體驗，我希望他們會**說**什麼？花時間去設計顧客與你的品牌互動的體驗，從開始到結束的每個環節都要留意。

7. 設法超越顧客期望。提供顧客美好的體驗很重要，但若想更進一步，就要設法超越顧客的期望。「喜出望外」你聽過吧？以客戶期望之外的表現製造驚喜，能創造有力的情感經驗，某種程度上來說，這讓顧客與你的品牌建立了連結。製造驚喜的方法很多，比如個人化的便箋、後續追蹤電

話、折扣驚喜、獨享好康、額外贈品等不勝枚舉！這些小驚喜能快速建立你的品牌。往往，一些貼心小舉動就足以突出品牌，與顧客建立連結。

8. 品牌一致性是關鍵。想想你的品牌可能與顧客產生連結的每個地方。顧客接觸點存在於許多地方，其中常見的如社群媒體、產品包裝、門市和電子信箱。品牌打造切忌馬馬虎虎。所有地方出現的企業標誌都要正確。使用品牌代表色，訓練員工熟知品牌核心訊息及顧客應對方式。檢核每個品牌接觸點，確定品牌打造的一致性。

9. 與其他品牌合作，藉此鞏固自身品牌價值。你的品牌若是使命導向，這個方法會特別管用。常可見到支持價值取向善因的品牌彼此合作，這是為什麼？因為這些品牌往往擁有類似的目標顧客。他們也許會一起支持某個社區運動、舉辦聯合促銷，或共用貨架空間等。志同道合的品牌經常能找到互利的合作辦法。行銷人對與其他品牌合作通常持開放態度，所以可以試著主動聯繫。

10. 品牌打造是永無休止的過程。以上幾點能給你很好的起步，但你需要不斷改善、精煉你的品牌。最重要的是永遠要聆聽顧客的聲音。顧客會告訴你需要改進之處，因此要多留意他們的評價與留言。問問員工顧客怎麼說。若需要特

定資料，甚至可以做顧客調查，請他們給予回饋。依據顧客的心聲來調整你的品牌訊息與體驗。這樣你的品牌就不會原地踏步，而會不同凡響。

06 數位戰線的顧客體驗

作者

麗莎・阿波林斯基（Lisa Apolinski）

數位成長專家兼講者，《富比世》雜誌（*Forbes*）曾稱她為「美國的數位內容未來學家」。著有《殭屍浩劫中的市占率成長：難以想像的狀況發生時你的企業存活指南》（*Grow your Market Share In A Zombie Apocalypse: Your Business Survival Guide When The Unimaginable Happens*）等數本著作。關於她與她成立的 3 Dog Write，更多資訊請參閱 www.3dogwrite.com。

2026年全球電商市場預估將成長到驚人的八兆美元。[23] 這麼大的市場，所有企業都摩拳擦掌想分一杯羹，造就數位世界空前激烈的競爭。因此你事業的每個面向，包括顧客體驗，都必須為數位市場做好準備。

顧客服務要跟上高速成長的市場腳步並不容易，於是許

---

23 作註：Chevalier, Stephanie. "Global retail e-commerce sales 2014 2026." Statista, September 21, 2022. https://www.statista.com/statistics/379046/worldwide-retail-e-commerce sales/.

多產業的顧客滿意度都表現不佳。對許多公司來說，顧客體驗可以說是新的行銷戰場，當然也代表新的機會所在。

優化網路顧客體驗時，請參考以下10點——顧客會察覺其中的差異，甚至還可能對你心懷感謝。

1. 銷售前與銷售後都要追蹤顧客體驗。在數位資訊充斥的今日，顧客有可能根本還沒好好研究你家品牌，就先從某處得知某些關於你家產品或服務的消息，並打消了購買念頭。可能的消息來源不只是負評，還可能溯及網路世界的個人和品牌歷史。有人說東西只要放上網路，就永遠拿不掉了。務必要進行數位稽核，才知道網路上流傳著什麼樣的資訊，也才有機會加以導正。那些數位空間裡你未察覺的關於自家品牌的傳言，可能損及你的商譽，甚至在銷售發生前就左右了顧客的觀感和體驗。

2. 花時間好好挑選新人。糟糕的同事就像嚼過的口香糖——不小心一腳踩上去，它就跟著你了。今天你讓這樣的人與你的品牌產生關連，明天他就可能對顧客體驗帶來負面影響，因為他跟你的品牌太接近了。增加新雇員時，要確保他們能融入公司文化，要能與你的品牌宗旨和價值相契合。

3. 每個環節都是顧客至上。在數位世界，創造正面的顧客體驗已經沒有什麼迴旋空間了。顧客與你的品牌互動的

所有環節，包括銷售、行銷和顧客支援都必須到位，符合顧客的期望。如果顧客移動到新的科技平台，你也得趕快跟過去（比如元宇宙〔metaverse〕），否則營收可能受到衝擊。

4. 在與顧客互動的早期階段就要花時間經營。有人說，忠實顧客要花一輩子經營，但失去他們只要一分鐘。時至今日，那個一分鐘已經縮短成幾秒鐘。贏得新顧客固然要花費成本，失去顧客的成本更會擴散到你整個事業。投入資源好好經營顧客關係，讓他們成為你在網路世界的代言人。若出現負評要盡快解決（但不要在網路上討論）。記得，你若對顧客視而不見，今天的你儂我儂可能變成明天的冤家路窄。

5. 網路世界的期望管理。人手一支手機的世界曾讓企業摩拳擦掌，因為他們能夠即時接觸到這些顧客！但同樣地，如今的顧客也期望能立刻得到你的回覆。預先管理網路世界的期望，你會比較能依照自己的步調做事。顧客若能先掌握到這些網路體驗的規則，比如你的特定回覆時間與回覆政策等，長期來說他們對你的事業會有較高的滿意度。如果你的人手或技術不允許你即時回覆，務必先對顧客說明。

6. 不要為改變而改變。在優化顧客體驗這件事上，有

時一動不如一靜。無緣無故改變原本運作順暢、接受度高的方法，對良好的顧客體驗有很大的殺傷力。不要為改變而改變，也不要一口氣做太多改動。修正的過程要慢慢來，讓顧客習慣一個變更後，再丟出下一個。這麼做不僅讓顧客有時間適應，新流程的瑕疵或問題也得以浮現。

7. 利用科技強化顧客體驗。科技的目的是讓生活更便利、更快、更好。但這不表示顧客體驗的每個環節都應該用科技替代掉人力。有時你的顧客只是想跟另一個人類講話，他們可不想先通過八層深的電話樹才轉給客服人員接聽。在數位體驗中還是得保有一些人味。

8. 企業文化比你以為的還重要。管理階層可以關著門待在各自的辦公室，員工可以躲在電腦後面的日子已經過去。企業文化會影響你的員工（代表你的品牌）出現在客戶面前的樣子。他們是公司的門面，而愉快的員工會帶來愉快的顧客，並創造優質的顧客體驗。

9. 把顧客變成「微網紅」（micro-influencer）。隨著社群連結日益緊密，擁有品牌經驗的顧客影響力也隨之上升。這批微網紅會一點一滴影響消費者對你品牌的認知，長期下來影響非常可觀。要留意這些微網紅，看看他們如何述說自己的顧客體驗。

10. 讓數位世界的顧客體驗保持「個人感」。人是向其他人（而不是向組織機構）購買產品。同樣地，這個人決定不再購買時，接洽的對象也是人，而不是組織機構。在顧客體驗中，你的品牌所含有的個人層面，可能比你願意承認的還要多。數位世界的互動也許感覺比較遙遠，但坐在鍵盤之後的，依然是個有感情、有渴望、有想法的人類。這個世界或許感覺上有點疏離，但事實上我們與彼此的連結比以往都要緊密。

07 有意義的行銷成效評估

> **作者**
>
> 布魯斯・契爾（Bruce Scheer）
>
> 協助產業巨頭與快速成長階段的新創公司喚醒他們的買家並加速收益成長。他是得獎顧問、作家及專題講者，也是美國演說家協會（National Speakers Association）西北分會會長。更多資訊請參閱www.Inspireyourbuyers.com。

　　我開全自動駕駛車有兩三年了。但說實話我眼睛永遠看著路，手也還是握著方向盤。在不同環境和即時路況改變下，我會接手駕駛。行銷成效評估也差不多是這麼回事，永遠不要開啟自動輔助駕駛。你應該經常校正評量方法，若環境發生重大變化，應該考慮全盤重新檢視這些方法。所以，當你介入控制時，該評估些什麼？我會建議你聚焦在有意義的行銷成效評估上。

　　每家公司情況不同，你必須依據本身特定的需求來調整，確保這些指標對你是有意義的。檢視行銷評估方法時有

幾個重點要注意,以下逐一來看。

1. 策略性的起頭。你的成效評估策略,應該以公司的使命、願景及核心策略為依據。這有助於你建立廣泛的目標,並採用適當的評估標準。當你在活動層級評估行銷成效時,得到的結果應該回頭與公司目標和想達成的影響相比對。美國零售與戶外休閒服務公司REI就是一個極佳範例,策略性地把行銷目標聚焦為「喚醒所有人對戶外活動一輩子的熱愛」。他們一開始就推出的#OptOutside活動,完全契合REI的企業使命,大大提升該公司的品牌知名度及企業觀感,後來#OptOutside甚至成為了一種運動。[24]

2. 與商業模式一致。衡量行銷表現對收益成長的影響當然重要,但如何更進一步依據本身的商業模式來衡量行銷表現?舉例來說,你做的是「軟體即服務」(SaaS)事業嗎,或者你正尋求要把產品和帳單計費週期往每月經常性收入的模式調整?如果是後者,與其追求收益成長,你也許更應該聚焦在總收益留存率(GRR)、淨收益留存率(NRR)與顧客終身價值(CLV)等指標。這些是評量是否有效留住顧客、是否極大化顧客支出很好用的指標。

---

[24] 作註:Recreational Equipment, Inc. (REI). "Who we are." https:// www.rei.com/about-rei.

3. 決定領先指標。在選定主要的「大石頭」指標時，優先考慮那些對策略目標會有直接影響的少數關鍵指標，去評量你最在乎的部分。回頭看「軟體即服務」企業追求淨收益留存率的例子，也許領先指標可以定在吸引更多「理想顧客」，這群人有較高的年度合約價值，因此留下來與你的企業一同成長的機會也較高。

4. 明智地追求成長。你對成長的期望是什麼？這會決定你用的評量指標。舉例來說，你是新創公司嗎？新創公司通常會想吸引眼光前瞻的「燈塔型」顧客，這些人能看出你提供的解決方案的價值，並在目標顧客群中協助推廣你的品牌。組織理論學者兼作家傑夫・摩爾（Geoff Moore）在著作中提出著名的「保齡球瓶策略」，強調先鎖定顧客群中領袖人物的必要性。這麼做，隨著最初這群顧客把口碑傳開，你自然就能擊倒更多的球瓶。在這個階段，依據目標帳號型行銷（account-based marketing）設定評量指標，並配合運用銷售支援工具，應能收到很好的效果。相對地，較成熟的企業，可能就以維持或提高其顧客的「荷包占有率」（share of wallet）為目標，這個指標是指顧客的總預算中，本身企業相對於競爭者能夠爭取到並收進口袋的比率。這種情況下，設定與交叉銷售、向上銷售及競爭替代[25]相關

的行銷活動指標,應該較為適當。

5. 在績效與品牌間取得平衡。近來**績效行銷**（*performance marketing*）──即收益成長的行銷歸因──取得長足進展,新的資料分析工具,能幫助我們看出並了解不同媒體管道上的行銷活動與收益成長之間的因果關係,並做即時績效改善。然而,在歸因上較不易評量的品牌行銷,重要性也不容忽視。這方面的關鍵指標包括品牌知名度與品牌偏好度。若想提升品牌價值,可以看看你產品的認知價值與相對於競爭者的定價。

6. 小心見樹不見林。當聚焦在評量指標上時,許多人會只顧著追求這些指標,而忘了它們只是用來評量整體的工具,這是一種稱為「替代」的心理現象。你聽過「我們做的這行叫賺錢」這種話嗎?那就是標準的「替代」現象。《哈佛商業評論》（*Harvard Business Review*）有一篇精彩的文章,標題是〈別讓指標害了你的企業〉（*Don't Let Metrics Undermine Your Business*）,文中特別指出掉進替代陷阱的危機。[26] 作者以美國最大銀行之一的富國銀行（Wells

---

25 譯註:交叉銷售（cross-selling）指建議顧客購買與目前採購內容相關的配合產品;向上銷售（upselling）指說服顧客升級購買較目前採購內容更高單價的商品;而競爭替代（competitive displacement）指爭取顧客從現有的解決方案轉而採取你公司的解決方案。

Fargo）為例，該行為追求客戶關係與荷包占有率的成長而推動交叉銷售服務，最終卻在達成策略績效指標的壓力下，造出數以百萬計的假帳戶，企業文化蕩然無存，品牌價值受到重創。這個事件給我們上了重要的一課，你必須確保你和你的員工都了解並接受這些評量指標背後的「為什麼」，以免落入為追求績效去賭一把、因小失大的境況。

7. 檢視整個顧客旅程中的評量指標。行銷往往被過分狹隘地歸類為影響諸如品牌知名度、潛在客戶等位於顧客購買旅程初期的手段。然而行銷在**整個**顧客旅程中都應該扮演關鍵角色，在顧客關係的取得、參與、留存與擴張階段都應該積極發揮作用。行銷應該掌握整個顧客體驗。哪些評量指標能夠描述行銷在每個顧客接觸點的正面角色？

8. 認真看待顧客參與。行銷成效評估最為人詬病的一點是經常過分重視「虛榮指標」，例如曝光數與社群媒體按讚數等。顧客對品牌的參與度很重要，但請更深入思考社群媒體上的閒聊與銷售成功的關係。舉例來說，看看顧客對你的內容反應如何，他們的行為與你的品牌和績效行銷目標有何相關。仔細看看他們如何推廣你的內容，特別注意是否有向他人推薦的動作。這類型的參與度代表著自發的擁護，以有意義的行銷成效評估角度來看，價值遠高於僅是「按

讚」。其實，社群媒體上的分享，很可能是數位行銷中最重要的指標之一。

9. 看成績。行銷團隊之間和公司內部沒有互相分享評量結果的情形很普遍。但新的網路工具，可讓使能很容易地把績效資料分享給重要利害關係人和內部團隊甚至外部企業夥伴。行銷是顧客與你的企業之間的黏著劑。能快速有效回應市場變化與顧客回饋，才能在市場上勝出，但這需要群策群力。透過這些評估指標，我們可以讓所有夥伴掌握自己在銷售、服務、製造、採購與運送方面的表現，如何影響到公司整體的成功。

10. 獎勵你希望重現的。有了資料及評估指標之後，要讓大家知道你密切關注他們的表現。獎勵那些你希望能重複出現的行為、活動與成果。詹姆‧柯林斯（Jim Collins）在其備受推崇的著作《從A到A+》（*Good to Great*）中就說過，擇定正確且有意義的評估指標，是整體企業成功的關鍵。

---

26 作註：Harris, Michael, and Bill Tayler. "Don't Let Metrics Undermine Your Business." Harvard Business Review, September-October 2019. https://hbr.org/2019/09/dont-let-metrics-undermine-your-business.

在思考我提出的這些行銷成效評估要點時,我希望各位能牢記一事:評估真正重要的面向。祝福各位在追求卓越的路上圓滿成功。

Content Strategy

Part 2

內容策略

08 打造強有力的內容行銷策略

> 作者

卡琳・阿布博士（Dr. Karine Abbou）

現為內容行銷顧問。曾是律師與創業者的她，在B2B（企業對企業）內容專案與行銷策略的構思、推動與執行上擁有13年的經驗。她是法語內容行銷學會（French Content Marketing Academy）創辦人，著有《內容行銷：美國方法論》（*Content Marketing: The American Methodology*）。

要在搜尋引擎優化（Search Engine Optimization）上勝出並建立思想領袖地位，內容行銷是一種有效的手段，這同時也能提醒顧客你的存在，讓他們知道你隨時準備伸出援手。

成功的內容行銷策略包含幾個關鍵：設定目標、了解市場、找出目標受眾、選擇平台、創作並發布內容，以及評量結果。以下分開來談。

1. 選定能為你的事業開創新局的目標。內容的創作費時費力，因此務必要彈無虛發。以第一份內容試水溫的同時，縮小你的目標。參考以下範例：

・你的願景一：「我要成為全美頂尖的蔬食餐廳。」

・能讓你躍上檯面的事業目標：「在所有Trader Joe's門市都可以買到本公司的某一道蔬食料理。」

・為達成這個目標，接下來六個月必須採取的行動包括：以某些關鍵字在Google搜尋時能有不錯的排名，以及受邀到某個頂尖的蔬食產業活動上講話。

・幫助你達成上述行動的內容種類，包括與某位蔬食界意見領袖合作的產業報告，以及接受該領域權威podcast節目的訪談。

2. 定出內容主題。仔細研究你的市場，找出業界尚未被開發的領域，構思新產品，並準確設定新的內容主題，以滿足消費者對於新產品的資訊需求。你的市場有多大？是怎樣的結構？成長多快？找尋利基市場[1]的機會，這些市場的競爭程度還不是太高，你還有機會在Google上取得不錯的排名。這裡列出幾個市場研究要回答的問題，繼續用蔬食餐

---

1 譯註：利基市場（niche market）也稱利益市場或小眾市場，是指被已有市場占有率絕對優勢的企業所忽略的某些需求獨特、高度細分的縫隙市場。

廳的例子：

・你的主要產業／主題為何？蔬食。

・你的產業價值多少？全球蔬食產業規模約440億美元。

・其中哪個部分可能是你感興趣的？規模250億美元的植物奶市場。

・該市場中有哪個部分可能對你的顧客／受眾而言相對新穎，所以還未充斥競爭者？燕麥奶是個快速成長的市場。假設你是地方蔬食餐廳老闆，市場研究能幫助你從你非常了解的廣泛主題（蔬食），切入你之前從來沒考慮過的利基主題（提供燕麥奶飲料，或以燕麥奶烹調的蔬食料理），並為這個利基主題創作內容。

3. 你的受眾是誰？ 內容的創作必然是為了一群目標受眾，那是一個特定的顧客群或顧客區隔，你最終的目標是要觸及這群人，並銷售給他們。他們遇到什麼問題，你的內容能怎樣幫到他們？不管你用的名稱是目標受眾、理想顧客或顧客人物誌，請考慮以下幾點：

・一個事業通常有數個目標受眾。盡可能縮小範圍，減到只剩下一個類型的顧客。

・若你已經擁有事業，列出你的最佳顧客。要記得，一

個事業往往有八成營收是來自其中兩成客戶。

・分析你的受眾，方法是製作一張他們主要的「特徵」簡表。

・找出他們遭遇的主要難題。你的內容如何解決他們的特定需求與問題？

・你與眾不同的點，你的「獨特價值主張」是什麼？

・假如你沒有現成的顧客基礎，可以做一份受眾研究，弄清你的產品或服務最適合哪一類人，對他們進行訪談。以主要受眾為目標創作內容，不代表這些內容對其他人（比如該領域的網紅）就沒有吸引力。

4. 選擇平台。你的內容要放在哪？這取決於以下兩個問題的答案：

・你的主要受眾都把時間花在什麼地方？

・你最能順暢表達自己想法的方式為何？

可參考以下幾點：

・**選擇自己最自然的表達方式**。內容創作中，一致性是取得成功的關鍵，因此請選擇最適合自己的內容格式。有些人是天生演說家（那就選音訊），有些人相較於說更擅長寫（開一個部落格），也有些人在視覺藝術上非常厲害。不管是視覺、聽覺或書面的內容，都是可以的。

Part 2 內容策略　067

‧**擇定一種內容格式**。你（和你的內容）必須表現突出，但若你同時要分神兼顧五個地方，要做到出眾太難了。擇定一種格式，好好經營。

‧**選一個平台來開始**。你的主要平台選擇，可能會依你選擇的內容格式而定（例如視覺內容使用Instagram，影音內容使用YouTube）。這沒關係。內容創作在最初至少18到24個月裡，先專注在一個平台就好。

5. 你還是需要一個網站。你需要網站作為你的內容根據地和檔案室，即使這個網站不是你的主要平台也無所謂。你的網站可以只是個簡單的登陸頁面，簡單介紹自己（放張好看的照片，並放上你在做什麼、為什麼做這個的扼要資訊），**還要**邀請訪客訂閱你的內容。內容的主要好處之一就是搜尋引擎優化，但大家必須要能從你的網站上找到你的內容，才有搜尋引擎優化可言。即使你選擇的內容格式是podcast或影音系列，一樣可以在網站上加入分享這些內容的頁面。

6. 借助AI創作內容。內容創作對事業而言是必須的，但很多業主都覺得那是個頭痛任務。其實沒那麼困難，尤其今日的科技可以助你一臂之力。AI應用可以幫你進行規畫、研究，還可以創作完整貼文、影音腳本、語音訪談等。

AI甚至可以編輯你的貼文，幫你依據不同平台調整內容形式。如今內容創作是前所未有地快速、前所未有地簡單。這些工具大家都可以取得。

7. 創造你的個人品牌。要在今日網路世界脫穎而出，原創性是關鍵。而要有原創性，你就必須在內容中加上自己的故事。你得打造你的個人品牌，與你的受眾建立情感連結。

在AI協助下，所有人都可以創作出一般水準的內容，因此把你的個人故事置於內容策略的核心位置，會很有利於你打造獨特超群的內容。好消息是，你不需要赫赫有名也能打造個人品牌，因為你已經具備這兩樣獨特的事物：

・**你的故事**：不管你賣的是蔬食漢堡還是按摩課程，是軟體還是青豆，你今天**為何**會踏進這一行，一定有一個屬於你自己的故事。

・**你的個性**：你是獨一無二的。你在讀什麼聽什麼，在看什麼學什麼追蹤什麼，都會在你與你的受眾之間製造共鳴。

這些與眾不同的元素，能讓你在你的利基主題上脫穎而出。

8. 你需要提供訂閱電子報的選項。推廣內容的主要途

徑有三：搜尋引擎優化、社群媒體，和電子郵件行銷[2]。

搜尋引擎優化若做得好當然很有效，但那不容易，而且需要時間。社群媒體並非如我們原本想像的，是免費又好用的內容解決方案。它們的演算法掌握在各個平台手上，即使你付費觸及了某些受眾，也不保證這些受眾會有回應或轉換。

這麼一來你只能指望電郵行銷，這是拓展業務最有效的手段之一。軟體服務平台HubSpot指出，有五成的人每個月至少一次從行銷電郵進行購買。[3]

願意填寫自己電郵地址的人，等於告訴你他們想收到更多你的內容。所以恭喜了！這是一段商業關係的開始，也是你成功的重要指標。

9. 評量成果。務必要檢視你的數據與內容績效，才能掌握什麼有效、什麼沒效。有效的多做一些，沒效的少做一點。除了用傳統的內容行銷KPI（關鍵績效指標）評量內容表現，也問問自己以下問題：

・你的訂閱規模是否在成長？

・若你停下內容創作的腳步，訂閱者會敲碗嗎？若答案為「是」，請繼續保持！成功在望。若答案為「否」，且你已經投入至少18個月（足夠的市場測試時間）努力，也許

是時候來重新評估你的策略和內容規畫了。

10. 努力持之以恆。馬克・薛佛常說，持之以恆比天賦優異更重要……這我同意。要成為顧客生活中的一部分，你必須要時時露臉才行。請記得以下幾點：

・**不要懷疑**。內容創作如今已經不再是一個選項——要在網路時代取得成功，內容非做不可。

・**規畫**。訂立時程表，按表操課。為內容創做排定確切日期和時間。

・**隔絕一切干擾**。不能集中精神是你最大的敵人。創作內容的時候，請關閉所有通知，把手機轉靜音，小孩送去跟朋友玩。集中精神！

・**連續三週堅持以上幾點**。「三」是建立新習慣的神奇數字。

・**你做得到**。想想那些你景仰崇拜的人，他們也都是從「第一天」開始的。開始就對了。

---

2 譯註：電子郵件行銷（email marketing）又稱EDM行銷或電子報行銷。

3 作註：Kirsch, Katrina. "The Ultimate List of Email Marketing Stats for 2022." Hubspot, November 30, 2022. https://blog. hubspot.com/marketing/email-marketing-stats.

09 以領域專家與搜尋引擎優化為目標經營部落格

> 作者

維多利亞・拜寧恩（Victoria Bennion）

行銷專家，維多利亞拜寧恩Podcast預約社（Victoria Bennion Podcast Booking Agency）創辦人及《最佳來賓》（*The Best Guest*）podcast節目主持人。更多資訊請參閱victoriabennion.com。

企業主都希望行銷預算能創造最大報償，那麼在行銷武器庫中加入部落格，似乎是個頗有道理的選項。

部落格是強有力且具成本效益的行銷工具，你可以在上面定期分享由文字與影像構成的內容，可以盡情彰顯你事業的個性，與業界其他對手區隔開來。

透過部落格，你可以建立思維領導力並厚植顧客關係，可以強化自己在網路世界的存在感，推動更多流量來到你的網站，進而帶來更多潛在顧客。

如果經營部落格聽起來有點嚇人,請放心,你不需要是才華洋溢的才子才女,也能擁抱這個工具。建置部落格時請參考以下幾點。

　　1. 把部落格架設在你的網站上。你的內容未來會放在部落格上,你的部落格主頁上會有你創作的貼文連結。好消息是,大部分的網站軟體都附有部落格功能,使用簡便。請注意,把部落格附加到你既有的網站,必定優於另外單獨架設部落格,因為部落格是搜尋引擎優化的最佳推手。

　　2. 發揮耐心,持之以恆。要知道,架設部落格並看到成效需要時間,因此把這當作長期策略的一部分。部落格流量要出現成長,可能需要六個月時間,但仍要持續耕耘。沒錯,這是時間的投資,但若你能持續規律發文,努力會得到回報。

　　訂出計畫表。打算每月或是每週發文?由誰來寫?只有你或是還有其他人?持之以恆推出部落格文章,能讓你創造雪球效應。想想看,每週寫一篇一千字的文章,一年半下來,部落格的累積字數就達到七萬八千字。都可以出一本書了。

　　3. 維持風格一致。你希望你的事業給訪客怎樣的第一印象?在埋頭撰寫第一篇文章之前,應該先思考這個問題。

你的內容務必要能反映你的品牌價值。

部落格文章裡的語氣、口吻和用字遣詞的正式程度也要留意。如果部落格文章作者不只一人，要注意對訪客必須呈現一致的風格。這有助於建立他們對你品牌的信任。

4. 回答使用者的提問。比爾・蓋茲說過：「內容是王道。」藉由在部落格上發布免費內容，你有機會建立與顧客間的連結，使他們成為熱心投資你家產品和服務的忠實粉絲。但要定期為部落格文章構思點子，感覺好像很累人。請先想想，你希望對訪客提供娛樂或是教育的功能，還是你想要兩者兼具？

蒐集顧客的常見問題（FAQ），是產出點子的一個絕佳辦法。也可以利用Google搜尋，找出人們想知道什麼，掌握你的產業脈動。有沒有什麼討論度高或應景的話題，適合拿來當寫作題材的？要注意的是，你的內容應該言之有物，避免讓人感覺你一直在推銷東西。可以參考這個比例：五篇部落格文章中，推銷文應該只占一篇。

5. 使用關鍵字。優質內容能使訪客產生進一步互動的意願，但搜尋引擎優化的重要性也不容忽略。你創作的部落格文章愈多，網站的搜尋排名就愈靠前。把關鍵字嵌入（不是塞進）你的部落格文章裡，這很重要，這樣你的內容才能

呈現在以關鍵字搜尋的人眼前。關鍵字概括了你內容的主旨,所以花點時間,研究一下顧客使用的詞彙。這也能作為日後部落格文章的新素材。

舉例來說,假設你經營大峽谷遊覽事業,潛在客戶可能會搜尋「大峽谷吉普車行程」。如Moz Keyword Explorer或Google的Keyword Planner(關鍵字規畫工具)等免費工具,能幫你找出產業關鍵字。隨著內容庫成長,能搜尋到你網站的關鍵字數目也會變多,進而提高搜尋者與你的部落格相遇並成為你顧客的機會。

6. 創作能得到反向連結的優質內容。「反向連結」(backlink)又稱「入站連結」(inbound link),是指從其他網站導向本身網站的連結。對搜尋引擎來說,反向連結代表你的網站得到其他網站背書,若對方是優質且符合道德標準的網站,將很有利於你的搜尋引擎優化,反之則有被Google演算法懲罰的風險。請致力於創作優質內容並將其推廣給你的受眾。

7. 讓你的內容容易消化。使用者會在電腦螢幕、手機和筆電上閱讀你的內容,在寫作文章時請謹記這一點,務必確保文章的易讀性。避免落落長的文句及段落。使用簡潔的句子和小巧的段落,中間可善用小標題、項目符號(小黑

點）和視覺材料（如圖片、影片等）等隔開。

為使受眾留下好印象，貼文的用字和文意檢查也很重要。因為自己有時不易發現自己寫作中的錯誤，所以最好在**發表**前請別人先看過一次。

8. 注意內容長度。近年來，部落格貼文確實有變長的趨勢。超過兩千字的貼文在搜尋引擎中常有較高的排名，但你不能為了湊字數而變得囉囉嗦嗦，應該兼顧質**和**量。一般而言，文章字數不應低於三百字，再短會給人太過貧乏之感，搜尋引擎也不易判斷你的內容與什麼相關。

9. 運用你的數據。部落格上路之後，要監看哪些貼文最受訪客歡迎。若有開啟留言功能，看看哪些貼文獲得最多回應。可以安裝Google Analytics（GA）等數據分析工具，留意哪些貼文產生最多流量。接下來就可以複製成功經驗，創作類似形式的貼文，擄獲受眾的心。

10. 讓部落格好好發揮價值。開始規律創作部落格貼文之後，你就能享受持續有新鮮內容產出的好處。你的部落格文章不僅可用作電子報素材，也能重新整理利用，變身成多則貼文及影音，放上你的社群媒體平台。隨著內容的累積與豐富，也許你甚至會決定把它們集結成書，以電子書或紙本書的方式出版，為你的受眾增添更多價值。

# ⑩ podcast的力量

> **作者**
>
> 瑪莉詠・艾布蘭（Marion Abrams）與
> 查德・帕里茲曼（Chad Parizman）
>
> 查德原是品牌行銷專家，後轉換跑道成為podcast製作人與編輯。他的社群媒體帳戶名是@cparizman，顧問公司網址是adercommunications.com。瑪莉詠是podcast製作人與顧問，擁有豐富的內容策略與創作經驗。更多資訊請聽她的podcast節目Grounded Content或參閱Madmotion.com。

有鑑於podcast節目至今已經超過400萬個[4]，podcast的世界是否已經變得太過競爭，不適合作為內容策略的一部分了呢？根據艾迪森研究所（Edison Research）的「無限撥號」（Infinite Dial）研究[5]，62％的美國人口（約1億7700萬人）曾嘗試收聽podcast，而在上線的400萬個podcast

---

4 作註：Podcast Index. https://podcastindex.org/.
5 作註：Edison Research. "The Infinite Dial 2022." March 23, 2022. https://www.edisonresearch.com/the-infinite-dial-2022/.

Part **2** 內容策略　　077

節目中，過去90天內有更新集數的不到50萬個。這表示podcast在開發與影響受眾上，仍擁有龐大的潛力。大家都在爭奪顧客的注意力，而允許聽眾在消化你內容的同時做其他事情的podcast，是通往這些注意力的新途徑。這讓你有更多時間，在你的社群中打造穩固的關係，發揮真實的影響力。

　　為什麼選擇音訊？因為相較於影音與文字等其他格式，音訊擁有許多優勢。很多人都覺得podcast比較有親近感，這是因為經由耳機收聽，能營造出一種一對一的感受。且podcast具有隨行的特點，75％聽眾會在住家以外的場所收聽。這兩項因素，使人們花在聽上面的時間高於看或讀的時間。在決定投入經營podcast之前，先想想你能怎樣結合體驗、地點和長度，成就你的優勢。

　　所以你決定要開podcast節目了嗎？雖說不是每個品牌都需要做podcast，但我認為所有品牌都能從podcast獲得許多好處。按下錄音鍵之前，先準備好回答以下五個問題。

　　1. 你的理想聽眾是誰？在綜觀所有內容形式時，你可能會發現你的聽眾與社群媒體或網路內容等的受眾是很不一樣的一群人。找出聽眾可能在什麼樣的情境下收聽。是要做針對某個主題資訊密度高而深入的探討、需要聽者集中注意

力的節目，或是聽眾可以在運動或做家事時輕鬆收聽的內容呢？花點時間了解他們還聽什麼其他節目。這些節目不一定都是你的競爭者，但有助你掌握這群受眾喜歡的主題類型與形式。

2. 你與眾不同的地方在哪？ 每個月新上架的podcast節目有好幾百個，所以要清楚自家品牌有何特別之處。你是個有數十年歷史的悠久品牌？你可以借助在全球各地的合作夥伴來凸顯獨特的價值或理念？也許你的員工裡臥虎藏龍，擁有等待解鎖的技能或知識庫？

3. 聽眾聽完一集節目之後會做什麼？ 雖說你製作的podcast最後變成你的搖錢樹這個情節不無可能，但它最大機率還是作為你行銷溝通規畫的一部分。光要聽眾按讚訂閱是不夠的。簡單一點可以邀他們加入你的電郵郵寄清單，但其實可以利用這個機會邀請他們參與一些複雜度更高的行動，例如更深入探索某個主題、連署請願書、訂閱電子報，或關注公司某高階主管的LinkedIn帳戶等。勿滿足於現狀也很重要。不要在每集節目最後都一成不變要聽眾按讚關注。來點新花樣，變換新方法錄製節目。

4. 你適合什麼樣的形式？ 很多人會選擇直接製作訪談節目，但那並非唯一形式。做個優秀的主持人是一門功夫。

你公司裡有人能擔當這個角色嗎，或者你需要聘請外部人士？紀錄片系列也可列入考慮，以一整套的單集，圍繞某個清晰主題敘述預先設定的故事線。這樣可在第一季中先推出固定集數，是測試podcast市場水溫的好辦法。要記得你的品牌podcast可能無法像一些你喜歡的podcast節目那樣，每週推出新單集。

5. 我需要什麼技術？ 對於自己的podcast樣貌有清晰掌握之後，接下來要考慮的是技術問題。技術組合琳瑯滿目，從麥克風、耳機，到音訊編輯軟體（高段的人會用到數位音訊工作站〔digital audio workstation，DAW〕），再到音樂服務與託管供應商。我們可以用好幾章的篇幅來談你能用的技術，但偷偷告訴你，可能大部分你目前都還用不到。節目是會成長的！剛開始也許一支訂價50美元的麥克風就夠了，這跟一支350美元的麥克風差在哪，說不定你一時還聽不出來。你收聽的podcast節目裡，說不定就有某託管商的推薦碼。討論最新最棒技術的免費podcast產業通訊，大概也有數十種。剛起步時，先把時間多花在內容品質上。技術上的升級也許日後會做，但推動聽眾人數成長的應該是扣人心弦的討論內容，而不是高檔麥克風。

有了自己的podcast之後，該怎麼做才能讓其發揮最大

效益?拓展podcast受眾與拓展事業有許多相似處。請牢記以下幾點:

6. 成功的事業會找到需求並滿足它。podcast也一樣。 podcast聽眾平均收聽八個節目,所以問問自己,為什麼聽眾要花時間聽你的節目。你的節目滿足了什麼樣的需求?你可能聽過你必須提供價值這個說法,但podcast世界裡的價值也許與你認知的不同。舉例來說,我與某哺乳衣品牌合作時,他們的數據顯示,其社群收聽節目的理由是因為這樣感覺比較不孤單。節目提供的價值,來自兩位媽媽主持人之間融洽的互動,而非專家來賓提供的教育資訊。對你的節目而言,價值可能在教育,可能在友情,也可能在幽默或勵志,或歸屬感、娛樂、故事性或社群。

7. 你得爭取新聽眾才能成長,就像事業需要有新顧客。 你未來的受眾都在哪裡出沒?他們很可能本來就有在聽podcast,利用這點是獲取新聽眾最有效的方法。去他們可能會聽的podcast節目當來賓。與你類似的節目不一定就是對手,透過互相拉抬也許能使雙方的受眾數目都得到成長。在其他podcast節目投放由主持人念出廣告,是觸及你理想聽眾的有效手段,因為這借助了podcast最有力的環節,即節目主持人與聽眾的關係。這是許多高績效節目與podcast

網路採用的策略。若你想要取得可追蹤的結果，不少小型podcast播放器軟體提供內建的橫幅廣告，依下載次數或新訂戶數收費。

8. 以優異的「顧客服務」歡迎新聽眾。 節目收穫新聽眾感覺是一種勝利，確實也是。但這些人是帶著期望而來，你必須滿足或超越這些期望，才能留住他們。好好兌現你的價值，讓聽眾知道他們沒來錯地方。聽眾會在每集的頭幾分鐘裡，決定要不要繼續收聽。繼續用事業經營來類比就是：新顧客走進你店裡時看到的是什麼？他們在找的產品有在架上嗎？店面是否窗明几淨讓人想多逛逛？店員親切嗎？

節目的頭幾分鐘會形塑第一印象。讓聽眾知道他們來對了地方，這就是他們在找的節目，這個單集會提供一些價值。這就等同優異的顧客服務。在頭幾分鐘內若能設法激起他們的好奇心，會更加分。

9. 要讓新聽眾變成固定聽眾。 企業常講顧客終身價值，你應該思考如何耕耘你與聽眾的關係，以取得真正的成長。podcast界老鳥格林・赫伯特（Glenn Hebert）說過：「聽眾為內容而來，但讓他們留下來的卻是主持人。」新聽眾找到你的節目，是因為其中有他們需要的東西（你找到一個需求並滿足它），但他們決定繼續聽你的節目，是因為他

們與你（主持人）之間建立了某種連結。經營這份關係是取得聽眾、服務聽眾、留住聽眾這個成長循環裡的第三把鑰匙。

10. 善用數據是podcast成長的關鍵。受眾想要什麼，數據能告訴你。比較每一集推出七天後的下載數，能得知受眾感興趣的標題和主題為何。也看看平均收聽完成率並比較各集間的差異。哪些單集吸引聽眾注意力的時間能達到完整節目時間的80％？哪些只有40％左右？這兩種模式能幫助你了解你滿足的是哪些重要需求，以及你什麼時候做得很成功。

⑪ 善用影音與
YouTube頻道

> 作者
>
> 蘿拉・凡德蓮・多門（Laura Vendeland Doman）
>
> 曾任企業資訊科技業務主管，後轉換跑道成為女演員、配音員及講者，活躍於影視與工商業界。她的YouTube影片系列《忙碌經理人的上鏡祕訣》（*On Camera Tips for Busy Execs*），幫助參與直播與預錄影片的素人在鏡頭前能更自在、更有說服力。更多資訊請參閱www.LauraDoman.com。

在行銷的牌局裡，影音是老K，也是Q、J、A，是任何一張你打得出來的王牌。

影音主宰社群媒體，影片貼文、連續短片（reels）和短影片（shorts）在觀眾參與度的表現上凌駕了其他媒體。在美國，線上影音廣告甚至已經超越了傳統電視廣告預算。[6]

YouTube是全球最繁忙的網站之一，超過26億使用者

遍布世界各地。你知道YouTube本身就是個厲害的搜尋引擎嗎？沒錯，它的人氣僅次於母公司Google！如何讓你的影音脫穎而出，甚至出現在搜尋結果的第一頁呢？以下列出創作有效行銷影音，並利用YouTube取得優勢的10個祕訣：

1. 寓教於樂。放眼望去，時下最成功的影音作品都兼具資訊提供或教學目的，和相當的娛樂效果。從影音的標題和描述開始，清楚告知觀眾他們能預期在這裡學到什麼，接著以生動有趣的方式端出牛肉。幽默與充滿活力的表達，能抓住觀眾的注意力，向他們推銷你的想法。

2. 重視製作質感。講者一個人對著鏡頭一直說話的影片已經跟不上時代了！對於娛樂產業高質感製作的期待，意味著你的受眾標準變高了。幸運的是，現在影音製作有許多成本低廉的方法，不一定要砸大把鈔票才能做出優秀的內容。

・加入其他影音片段或照片來闡釋你的主要論點。大部分手機都有內建編輯功能。

---

6 作註：McCarthy, John. "Media Trends and Predictions 2023." 272 | MARK SCHAEFER & FRIENDS THE MOST AMAZING MARKETING BOOK EVER | 273 Kantar Group. https://www.kantar.com/campaigns/media-trends-and-predictions-2023.

・加入音樂來增強你的語氣（但不要喧賓奪主）。記得只用免版稅或無版權音樂就好。

・在影片中從不同角度拍攝講者或產品，一則增添趣味，同時讓影片更吸睛。

・從一個重點進到下一個重點時，利用文字、動態圖像（動圖）或短音效等來銜接，以凸顯主要概念。

・替影音加入字幕。許多觀眾因為在工作中、位於公共場所或本身為聽障人士，觀看影片時會關掉聲音。考慮到不同需求，製作在聲音開啟或關閉下皆能收看的影片，也是行銷取勝的明智之舉。

3. 做說故事的人，不要變成新聞播報員。

・加入個人元素。想像你在跟一個對你所講內容非常有興趣的人聊天，用那樣的方式講話。

・營造談話感，而非自顧自一股腦講個不停。你的影音不是一份預錄好的播報內容，而是觀念與新資訊的分享。即使是教學影片，也請尊重閱聽者的智力，避免高高在上的姿態。不要使用太多縮詞，除非你的受眾很熟悉這些詞彙。

・在影片中不時提出一些問題。你的聽眾會回答，哪怕答案只有他們自己聽得到。提問能幫助他們參與你的談話，也有助他們記憶資訊。

・需要旁白的影片，使用專業配音員可以使故事增色。

4. 了解你的媒體，運用幾個技術性的小技巧。

・若你的內容會在電視、YouTube或網站等橫式平台被觀看，請用風景模式（landscape mode）拍攝。橫式影音較適合長的內容。我們的視力天生適合橫向的呈現，這讓我們能用周邊視覺看到更大範圍的畫面，也更有身歷其境的感覺。

・若影音要放上適合直式內容的社群網路，例如Instagram、TikTok、Facebook或YouTube短版影音（YouTube Shorts），請以肖像模式（portrait mode）拍攝。拍攝容易、上傳快速的直式影音，主要在行動裝置上觀看。它們通常很短（往往不到一分鐘），感覺較為隨興或即興，且生命週期很短（除非爆紅起來）。

・加入動圖作為特效。舉例來說，極具動感又很有趣的白板動畫，就讓人很難移開視線。

・保持影音簡短，這樣會有更多人能從頭到尾看完。除非是特別有娛樂性或是教學影片，否則網民的注意力持續時間通常很短，可能只看個兩三分鐘。社群媒體影音一般長度如下：

・Instagram連續短片與Facebook影片：60秒以內

- Instagram與Facebook限時動態：15秒以內
- TikTok影片：21-34秒
- LinkedIn影片：30-90秒
- Twitter影片：44秒
- YouTube短版影音：15-60秒

5. 學習面對鏡頭說話。從演員手冊學一些撇步！

- 說話時直視鏡頭。這會讓觀眾覺得你在對他們面授機宜。

- 不太知道要說什麼？使用提詞機，多練習就不會看起來像在讀稿。

- 知道你的畫面邊界──即攝影機鏡頭中你可以活動的範圍（側向、高度和深度）──以免跑到畫面外頭去。

- 活潑的呈現。在影片中不時變化音高、語速及語調。用停頓來製造戲劇效果，需要整理思緒時也可略停，不要擺出正經八百的「播報員臉孔」。放輕鬆，做自己，享受這個過程！

6. 把YouTube當搜尋引擎。在為影音下標題、或思考主題標籤要用的關鍵字時，想像一下人們會如何搜尋你的內容。當他們鍵入「如何組裝腳踏車」、「投資的方法」、「玻璃罐用途」等搜尋時，像是「如何…」、「…的X種方

法」、「⋯用途」等標題或關鍵字,就能幫助他們找到你的影音。

7. 提升影片被搜尋到的機率。

・選一個最能貼切敘述你影片的關鍵字,把這個字用在標題和描述裡。

・為影片新增相關的人氣關鍵字主題標籤。

・建立影片章節,即有子標題和開始時間的時間戳記。

・新增資訊卡及片尾,連結到你的其他影片,增加頻道的觀看次數。

8. 定期發布影片,並維持風格一致。

・YouTube會獎勵定期在頻道上發布新內容的創作者。你的觀眾會開始熟悉你的影片更新時程並期待新集數的發表,不管是每週一更或每月一更。

・YouTube可以介紹觀眾去看你之前製作、關於同樣或類似主題的其他影片。上傳影片後,你可以在該影片中建立「資訊卡」,資訊卡在原始影片中出現並被點擊之後,可以連結到某個相關影片或播放清單。YouTube也可以讓你在影片中加入訂閱按鈕,觀眾訂閱後有新集數貼出時就會收到通知。

・把品牌打造延伸到你的YouTube頻道,讓觀眾一眼

就可以辨識出那是你整體行銷訊息裡的一個部分。客製化你的YouTube橫幅（即封面）和影片縮圖，使它們與你的網站和其他品牌元素維持一致風格。橫幅圖片可以考慮放上你的產品、服務、或你工作中的照片，也可以採用品牌標誌和聯絡資訊，甚至你即將主辦的某個活動訊息。最後，別忘了個人資料相片要用一張專業的大頭照，能有你的品牌代表色更好。

9. 拓展受眾。讓你的YouTube影音物盡其用，把它們放上網站、行銷電郵、電子報、部落格等，增加曝光度。這麼做可以讓新觀眾（和他們的親朋好友）有更多管道發現你的內容。雖然是同一部影音，但可能帶給不同平台的不同受眾不同感受。

10. 多通路行銷。在Facebook、Instagram、TikTok等其他社群媒體平台上重新利用你的影音。

・以肖像（直式）模式，製作總結或預告影片內容的限時動態或連續短片，然後引導觀眾到那支完整長度的YouTube影片。雖然有可以把橫式影音（比例16：9）縮放為直式（比例9：16）呈現的工具，但那會變成小小的影片在中央，上下都是黑邊，不然就是只能留下原本影片中很狹窄的直式範圍。

・製作簡單的預告貼文（影像），並引用你的影片中某個主要概念或讓人印象深刻的金句。也可以使用Instagram或TikTok內建的工具，加入圖形、動畫、音樂或旁白，使你的訊息更加活潑。

有道是「條條大路通羅馬」，以上多種管道都能匯集並引導觀眾來到你的YouTube頻道。只要你有具品牌特色的YouTube橫幅，以及足量製作良好、有適切標題的影音，你的點閱及訂閱數應該會穩定增加。畢竟人都喜歡把好東西跟好朋友分享。用優質的內容幫助他們達成心願！

⑫ 直播的力量

> 作者

伊安・安德森・格雷（Ian Anderson Gray）

信心直播行銷學會（Confident Live Marketing Academy）創辦人，也是信心直播podcast（Confident Live Podcast）主持人。他協助企業家自信地使用直播，達到提升影響力、建立權威並提高獲利的目的。身兼職業古典歌唱家的格雷，定居在英國曼徹斯特附近。更多資訊請見iag.me。

直播大大改變了我的事業，它也可能改變你的事業。

直播影片讓觀眾即時看到你在鏡頭前，是提升能見度、展現專業並拓展受眾的有效手段。它結合了podcast的親近感與手寫內容的專業度，把你直接帶到觀眾眼前，拉近彼此的距離。此外，你還可以把你的直播當作內容再利用的根據地，據以創作部落格文章、podcast和短影片等。這讓你能觸及到無法（或不想）收看直播的更廣大也更多元的受眾。

以下10點能幫助你創作優質的直播內容：

1. 持之以恆。我從來不覺得持之以恆是件容易的事。我寫過許多受歡迎也有影響力的部落格文章,但過去的我一直覺得要定期發文很困難。然而從2019年5月開始,我的podcast節目《信心》(Confident)(從我的直播節目內容再利用而來)每週五發新集數,沒有中斷過。其中關鍵就是所謂的「直播五P」:規畫(planning)、售前促銷(pre-promotion)、製作(production)、售後促銷(post-promotion),以及舊內容再利用(repurposing)。

在規畫階段,要弄清楚自己的目標,致力於創作一個有價值、能引起共鳴的直播節目。售前促銷指的是要預先讓受眾知道你何時、要在哪裡開直播。事先排定直播日程,透過社群平台或電子報等與受眾分享這個訊息。

直播完成(製作)後,要考慮的是會回放你直播內容的受眾,這群人的人數可能遠大於收看直播的觀眾人數。在這個階段,你的直播將以一般影片的形式出現,此時應進行售後促銷。花時間回應觀眾留言,在你的影片周圍營造小社群。最後,最有趣的部分是直播內容的再利用(再製)。

2. 內容再利用。製作並編輯預先錄製的影片可能會花掉大量時間,尤其如果你有點完美主義傾向。我每週的直播節目花不到一小時。直播結束後,這段影片就會變身

成YouTube影片、短影片、限時動態和資訊圖表等其他內容。我甚至會用工具把影片轉為文字，這樣我輕鬆編輯內容後，就可以發為部落格貼文。直播是內容再利用的火車頭！

3. 選擇直播工具。你可以在手機或在電腦上直播。用手機直播的優點是移動性強，且營造一種更直接、更親近的感覺，而電腦直播的優點是能做得更專業，包括使用專業攝影機與麥克風，以及能在串流內容中加入品牌打造的元素。

要讓電腦直播發揮最大效益，就需要使用第三方串流工具。這可能是放在網路上、可經由瀏覽器直接取得，或是功能更強也更有效率的專用桌面應用程式。選擇即時串流工具時，要考慮工具同時向多種平台播送的能力、是否能讓遠端來賓加入，以及螢幕解析度是否合乎你的要求等因素。

如果對你而言內容的再製很重要，務必選擇能同時錄影與錄音的工具。有些工具提供「ISO錄製」，可將每部攝影機與觀眾的錄影與錄音分別儲存。你的電腦效能也要納入考慮，若運算力不夠跑桌面應用程式，那網路應用程式可能是較好的選擇，因為包括多串流（multistreaming）與遠端來賓加入等許多功能，都是在雲端而非在你的電腦上處理。

4. 相信自己。與其說我的本色是個「自信直播男」，可能「不情不願直播男」還比較貼切。第一次開直播時我超

緊張，我擔心自己看起來很蠢，害怕被人品頭論足。我討厭自己的聲音，討厭自己的長相。完美主義、冒名頂替症候群[7]，還有不斷拿自己與別人比較，都是常見的心理枷鎖。如果你有這種感覺，放心，你並不孤單。

不要為直播而直播，務必計畫一下要說的內容。但也不要想太多，因為觀眾其實也不期待完美。你的第一次直播或許沒有很棒，但你會穩定進步，信心也會與日俱增。訂下目標週週開直播，持續六個月。在這段時間裡，你會建立起自信和一群受眾，各方面技巧也會更上層樓。

多與會鼓勵你、跟你說實話的人在一起。最好不要拿自己跟其他影音創作者比較，除非是為了得到啟發或進行研究。直播的世界完全有可能存在著比你更出色、比你更學識淵博的人，但沒有其他人擁有你的個性或你的溝通方式。做自己，全心全意接納自己──包括缺點與其他一切──吸引那些對你而言最完美的受眾。

5. 犯錯。對我來說，開直播是一帖治療完美主義的良藥。錄影難就難在我要求完美。能夠接受有著許多不完美的

---

[7] 譯註：冒名頂替症候群（imposter syndrome）又稱騙子症候群（fraud syndrome），是出現在成功人士身上的一種現象，這些人無法將自己的成功歸因於自己的努力或能力，認為自己只是時機或運氣好才會成功，總是擔心有朝一日會被他人識破自己其實是個騙子。

直播作品,對我而言是一種解放,而我的製作品質隨著時間也有所進步。切記,你的受眾不要完美。修飾過度、專業過頭的內容其實可能把人嚇跑。正如現代行銷學之父科特勒（Philip Kotler）[8]說的:「品牌應該不要那麼嚇人。它們該做的是誠實可靠、承認自己的不足,不要再努力維持完美的表象。」

6. 不是直播也可以做得像在直播。即使你真的不想直播,還是可以製作出像是直播的內容。按照你的計畫,照直播的方式那樣錄製節目。你會犯錯,但可以事後編輯。這樣會損失與實況觀眾連結等一些直播的好處,但不失為一個輕鬆創作預錄內容的好方法。

7. 振作精神。人天生就容易與其他人類互動。但攝影機是無生命的物體,可能會**吸走你的能量**。面對座無虛席的滿場聽眾演說,往往比對著鏡頭講話容易,因為你可以借用實體觀眾的能量。開直播時,也許有數十或數百位觀眾在收看,但你看不到他們,也無從得知他們的反應。因此,面對鏡頭時,你必須更有精神地展現真實的自己。

也就是說,節目開始之後你除了要做自己,還要加倍帶勁。在整個直播過程裡,都要把活力維持在高檔。這樣觀眾會比較容易進入狀況,你聽起來也比較不會像機器人在說

話。

8. 不要怪罪技術問題。我曾經有一次整整一個月沒開直播。為什麼？因為鏡頭上看起來，我的背景是那麼單調乏味。我拿自己跟別人比較，身後那面無趣的白牆令我自慚形穢。不過，那其實不是真正的理由。我只是拿技術問題當代罪羔羊。

我的客戶裡，認為自己需要升級攝影機、音效或辦公室環境的不乏其人。怪罪給技術問題比較輕鬆，要面對、檢討自己的信心和心態比較困難。我的建議是，把焦點放在受眾身上，也就是你試著要幫助的那群人。

滿腦子想著技術問題、屈服於自己的恐懼，意味著你將無法發揮自己的天賦和潛力。你的觀眾在等你。要升級設備，以後有的是時間。

9. 技術夠用就好。開直播需要什麼設備？很簡單：直播裝置（手機或電腦）、穩定的網路連線，和直播串流軟體。用手機直播可以邊走邊拍，有一種未經加工的真實感。使用電腦則能提供彈性，很容易可以邀請來賓上節目、在排定直播的時程播放預錄節目，或加入具品牌風格的圖樣、使

---

8 作註：Kotler, Philip, Hermawan Kartajaya, and Iwan Setiawan. Marketing 4.0: Moving from Traditional to Digital. (New Jersey: Wiley, 2017).

用專業攝影機和麥克風等。好的打光也很重要，但除了這些之外，其餘真的都只是錦上添花而已。

10. 記得你在跟誰說話。直播觀眾會在節目進行中慢慢加入，但回放的觀眾都是從節目開頭看起。由於後者不是收看實況，是自己單獨收看，就這個層面而言，他們對你的節目有更親近的體驗。與其他人一起收看的直播觀眾，經歷的是一種社群經驗，他們重視參與感，所以你要表示歡迎，要回答他們的問題（最好還在螢幕上把他們秀出來）。但你的回放觀眾也不想被冷落，若你過分照顧直播觀眾的需求，難免令他們感到不是滋味。最後，假如你會把直播內容再製成podcast，你就有了第三群受眾：一群只能**聽**到你的內容的人。他們透過耳機收聽你的節目，是一種更為親近的感覺。所以，如果某集節目特別著重視覺呈現，別忘了替你的podcast聽眾說明一下螢幕上的狀況。

13 打造有力的行銷訊息，抓住理想客戶的注意力

> 作者

艾爾・波以耳（Al Boyle）與朱塞佩・弗拉托尼（Giuseppe Fratoni）

波以耳是自由文案撰稿人、作家及幽默藝術家，更多資訊請參閱alboylewrites.com。弗拉托尼是人生改造教練（transformational coach）及企業策略師，更多資訊請參閱www.giuseppefratoni.com。

不管你從這本書學到什麼，若不能搭配上有效的行銷訊息與文案寫作，一切都是空談。怎麼樣，聽起來不錯吧？

雖然我們不樂見這樣的發展，但這個時代世人的注意力持續時間愈來愈短是不爭的事實，因此我們的訊息策略也勢必要有調整，來因應這樣的變化。視情況不同，你能抓住潛在顧客注意力的時間大約落在數秒鐘到一分鐘之間。正因如此，有效的行銷訊息與文案撰寫才那麼重要，是行銷策略成功的必要元素，也是你與理想客戶溝通的基石。現在，我們

就從行銷訊息與文案撰寫的差異開始談起。

行銷訊息是指關於你的願景、你的價值，還有你幫客戶做什麼、怎麼做以及為什麼這麼做，你傳達出**什麼**訊息。而文案撰寫指的是你**如何**傳達，使你的訊息能引起共鳴、讓人印象深刻。這兩者相輔相成，幫助你與理想顧客建立連結。

你的行銷訊息會支配你的文案撰寫，若訊息本身沒有對上受眾的需求，文案寫作再怎麼妙筆生花也是枉然。反之，即使行銷訊息切中要害，文案寫得有氣無力，照樣會淹沒在嘈雜的世界之中。

以下列出10個能幫你脫穎而出的訣竅：

1. 行銷是對潛在客戶提供的服務。包括許多企業家和小企業主在內，大部分人對行銷都有負面印象。他們認為行銷就是在強人所難、強迫推銷，很惹人厭。這樣的認知實在大大背離事實。糟糕的行銷固然**可能**引起一些問題，但良好的行銷則能建立起溝通管道，讓你幫助你的理想客戶了解你能如何滿足他們的需求。他們有問題亟待解決，而你能提供解決方案；讓他們知道你能幫上忙，會讓他們如釋重負。

2. 深入了解你的顧客。行銷說穿了就是要與你的顧客有效溝通，所以當然要把他們的利益擺在第一位。你的理想顧客在消化你的行銷訊息時，都在找裡頭有什麼能幫上他們

的。他們想解決那些讓他們晚上睡不著覺的問題，而你必須贏得他們的信任，**並且**幫助他們了解你的產品或服務能如何解決他們的問題。要做到這一點，你必須認識你的顧客──不是「認識」鄰居那種認識，而是像你對老朋友的了解那樣的深入認識。你的了解必須遠超過他們的年齡、居住地、性別、教育程度與社經地位這些資訊。深入認識他們的世界觀、價值觀、信仰，還有他們支持的議題。對潛在客戶的理解，要透徹到能為他們發聲的程度，這樣行銷訊息自然能水到渠成。

3. 用顧客的話來描述他們的問題。你可以進行的研究包括訪談、問卷調查和社群聆聽（social media listening）等。訪談與問卷調查是能得知顧客心聲（voice-of-the-customer，VOC）的強大工具。你可以與客戶及潛在客戶排定20分鐘的電話訪談，問他們問題，並把他們的話用在行銷訊息裡。錄下訪談內容，以利正確呈現他們的答案。留意網路社群、群組與社群平台的討論，加深你對理想客戶的認識。做足功課以後，你會知道你的理想顧客是怎樣敘述他們的問題和處境。在你的行銷訊息裡用上他們的話，這對行銷的成功至關重要。

4. 以口述克服文思枯竭。你做了研究，了解你的理想

客戶，知道他們最頭痛的問題，也知道他們怎樣敘述這些問題。你明白你的產品或服務如何解決這些問題，只待偉大的行銷力作完成，客戶們就會茅塞頓開。你準備好要創作訊息了，卻坐在電腦前，跟空白的螢幕大眼瞪小眼。這種經驗大家都有。所以，別用寫的，用**說**的吧。用手機錄下你要講的，再轉成文字稿。你知道自己想說什麼，說出來就好！轉成文字稿後可再加以潤飾。另一個辦法，是找個了解你、知道你在做什麼的人來訪談你。不需要文字處理器，也用不到網頁編輯器，就你們兩個聊，你就當作在商展上與人交流或跟某個潛在顧客談話。之後再從文字稿中採礦，找出能引發目標受眾共鳴的文句。

5. 善用社會認同。假設有兩個人，一個自吹自擂往自己臉上貼金，另一個跟你說某某人很厲害，你會比較相信哪一個？當然是後者吧。為什麼？因為後者感覺比較客觀。**沒人比你的顧客替你美言幾句更有效果**。在行銷領域我們稱之為「使用者原創內容」或「社會認同」：這相當於求職推薦函的網路版。顧客對其他顧客的信任度，遠高於他們對你的信任度。而現代顧客在考慮進一步投入與某公司的關係前，都會先查查這家公司，所以納入滿意的顧客證言，等於在**你能控制的情境下提供顧客所希求的資訊**。你的產品或服務

中,是否有許多顧客都抱怨過的點?讓某位也曾抱怨過這個點的滿意顧客來分享你如何解決這個問題,以及你的解決方案如何令他們喜出望外。可以剪一段第4點中的錄影來用。

6. 使用「問題-醞釀-解決辦法」(Problem-Agitate-Solution,簡稱PAS)文案框架。 PAS框架是個行之有年的文案寫法,歷久不衰,因為它很管用。對於實際面對或感同身受的痛苦,人們總希望速速解決。你的文案以理想顧客所面對的問題(P)開頭,這樣他們立刻能產生認同。描述要精確。這個問題讓你的理想顧客產生什麼樣的想法和感覺?覺得挫折?難過?憤怒?引導顧客的思緒,好像他們在對你傾訴一樣。抓住對方注意力之後,再拋出讓情況更加棘手的因素(A),顧客不是已經深受這個狀況困擾,就是若再沒有合適的解決方案,很快就要面臨這個狀況。沒有解方的話他們的日子會有多難過?他們若不趕緊採取行動,會發生什麼事?最後,當他們意識到沒有作為的後果時,提出你的解決方案(S),說明顧客立即採用的優點。

7. 考慮「注意-興趣-渴望-行動」(Attention-Interest-Desire-Action,簡稱AIDA)文案框架。 此框架對應購買者的旅程。在注意(A)階段,要建立起買家對你的產品或服務的認知。有了認知之後,他們進而感到興

趣（I），接著燃起擁有該產品或服務的渴望（D），最後採取購買行動（A）。概念上很容易了解，難的是執行的部分。這時第3和第4點中提到的顧客研究就能派上用場了：好好利用你對買家心理的了解，寫出能獲得他們共鳴的文案。

8. 依循你的社群媒體策略，帶著目的發文。 永遠要給出價值，站在服務的角度真誠地溝通。「因為星期二是發文日，所以一定得發點東西出去」，這種為發而發的心態並不尊重你潛在客戶的時間，也沒有把他們放在第一位。帶著目的發文才能贏得顧客，與他們建立關係。在貼文末尾來個行動呼籲（call-to-action，CTA），邀請對方參與。有效的行動呼籲不一定是要對方買東西：可以提出問題或邀請讀者留言，開啟對話的可能。當對方回應時，你們的關係就開始建立了！

9. 人工智慧（AI）能有限度地提供機會。 AI為行銷界帶來很大震撼。精明的行銷人員視AI為提升工作效率的另一個支援工具。AI驅動的工具利用機器學習演算法分析大量數據，能為你的受眾量身訂製高品質內容，並優化網站排名，還能執行關鍵字研究（keyword research）[9]等任務，讓你的文案撰寫更輕鬆有效率。但了解AI的限制也很

重要。這些工具的品質，取決於用來訓練它們的數據，需要創意思考的任務對它們而言可能會很困難，而且它們有可能無法完全掌握人類語言中細微和複雜的部分。我們要ChatGPT用100字以內的回答，說明它自己的能力：「我是由OpenAI訓練的語言模型。我可以就包括科學、數學、歷史和時事等廣泛的主題，回答問題並提供資訊。我也能協助處理和語言相關的任務，例如翻譯和文本生成。我不是真人，也不能上網，因此我無法瀏覽網頁，也無法執行需要即時資訊的任務。但我受過海量文字資料的訓練，我能利用那些知識，盡力提供正確且有用的資訊。」

10. 評量並監控結果。 針對行銷訊息有效程度的量測，ChatGPT也給了以下建議：

・追蹤並分析關鍵指標，例如網站流量、轉換率及顧客參與度等。

・執行A／B測試，比較不同訊息策略的結果。

・善用顧客調查、訪談與評價，取得關於行銷訊息深刻的洞見。

・把你的行銷活動結果與業界基準和你過去的活動結果

---

9 譯註：關鍵字研究是SEO策略中重要一環，指的是尋找並分析人們在搜尋引擎中輸入的詞語，以找出哪些詞語對你的網站或業務最有價值。

相比較。

身為小企業主,你同時也要負責行銷,身兼兩個職務是很刺激的經驗。科技的進步,讓你得以大規模地與潛在顧客連結,為你的大成功助一臂之力。

而行銷訊息力量之強大,也意味著日後你有更大的責任要承擔。請明智地使用這股力量。

Social Media

Part 3

社群媒體

⑭ 如何打造經得起時間考驗的社群媒體策略

> 作者
>
> **凱咪‧海斯（Kami Huyse）**
>
> 社群媒體策略師、講者、社群建立者、教練與作家。創立 Smart Social Secrets，這是一個公關、行銷、企業顧問與教練的線上社群，她也是社群媒體行銷機構 ZoeticaMedia.com 執行長。更多資訊請參閱 KamiHuyse.com。

1994年，我一個人坐在喬治梅森大學學生報刊《開砲》（*Broadside*）空蕩蕩的辦公室，盯著小小的電腦螢幕。螢幕上跳出一則訊息：「中庭見喔！」我站起來環顧四周，沒見到半個人影。原來我從網路中繼聊天（Internet Relay Chat，IRC）服務收到了一則即時訊息。沒過多久，學生之間的通訊就都靠IRC了。

30年過去，如今我們口袋裡就能找到五花八門的社群媒體平台，相較之下，我收到的那第一則IRC訊息真是遜多

了。社群媒體幾乎已經無所不在。研究顯示，全球人口高達59.3％經常使用社群平台。[1]

因此，許多品牌傾全力投入社群媒體通路，希望藉此擄獲粉絲、打響品牌知名度。但別忘了這麼做有三個主要風險。第一個風險，是社群媒體已達到前所未見的飽和程度，隨著這些平台成長趨緩，想在此處攻城掠地的品牌必須設法脫穎而出。此外，來自新社群媒體平台的競爭，也會持續對這個市場造成衝擊。

第二個風險，是社群媒體平台有隨時變更政策的權利。此外，由於隱私侵害問題日益受到政府與使用者關切，新的法規也可能帶來重要變革。

第三個風險，是趨勢和內容會不斷變化，要跟上改變的腳步並不容易。為了跟進新功能、新趨勢，你或你的員工可能必須快速學習新技能。

為了使品牌與時俱進，並克服與社群媒體有關的風險，請參考以下10個社群媒體策略：

1. 採多平台內容創作。如今數位媒體平台的記者，都會需要寫一段報導貼在部落格，佐以一段影片，並發到多個

---

[1] 作註：Kepios. "Global Social Media Statistics." DataReportal, https://datareportal.com/social-media-users.

社群媒體平台上。同樣地，你的品牌也要有數個強韌的社群媒體通路作後盾，成為自己的新聞編輯室。選定幾個不同平台，這樣平台遭遇重大變革或當機時，才可以迅速反應。創作一份內容（影片、直播、部落格貼文或podcast都可以），而後把它轉成幾種不同的內容形式：純文字貼文、圖片、短影音等。這些會是你內容策略的基石。此外，每天花15分鐘與別人的內容互動，分享並在下面留言。

2. 以社群為優先（community-first）[2]。進入社群媒體市場的人數逐年遞減，因此留住顧客就更形重要。研究顯示，64％的人希望與品牌在社群媒體上互動，91％的人相信社群媒體具有連結人與人的力量。[3]

品牌若能在社群媒體上建立具有品牌特色且管理良好的社群，對抓住顧客的忠誠度會很有幫助。美國Verizon電信的「小型企業數位就緒」（Small Business Digital Ready）社群就是很好的例子，這個建立在內容管理系統和訊息管道上的社群，目標是在專業發展、人脈建立與資金提供上協助一百萬家小型企業。你可以用社群媒體本身的功能創建社群，或利用其他軟體與應用程式，打造一個具有品牌特色的私人社群。

3. 記住：文化是新王道。有時借鏡其他專業，有助於

我們掌握趨勢。人類學家丹尼爾・米勒（Daniel Miller）在《數位人類學》（*Digital Anthropology*）一書中指出，關鍵在於要仔細分析兩種社群文化：「品牌超能力」和「顧客問題」。前者指的是由品牌提供社群平台並促成互動；後者則指品牌加入某個既有的社群，提供資源來解決某個問題，促進公眾利益。你會需要做一些研究，但大原則是選擇社群需求與品牌資源契合度最高的地方。

4. 利用「沉浸式敘事」與「個人化」。 光是說故事已經不夠了，必須讓人們感覺自己位在你的故事中心。內容與聯繫都必須是沉浸式、體驗式的。說實話，人都喜歡聽到自己的名字，都喜歡與他人連結，也都希望以自己真正的面貌被看見、被接納。讓顧客成為你故事中的主角。

科技的進步，讓社群媒體的個人化更容易達成。你可以為某人快速創作一段音訊或影音，以貼文或私訊形式發送。要使用應用程式也可以，但大部分社群媒體平台的訊息服務就很好用了。這會讓人印象深刻，是建立關係的好辦法。

---

2 譯註：社群（community）的社群，與社群媒體（social media）的社群為不同概念，由於中文相同，容易混淆；前者聚焦在留存，是經營客戶的長期價值和品牌共同體，後者則重在傳播，是流量的最大化。

3 作註：Sprout Social. "#BrandsGetReal: What consumers want from brands in an increasingly divided society." https://sproutsocial.com/insights/data/social-media-connection/.

5. 超越螢幕的限制。物聯網（Internet of Things，或 IoT）使得幾乎所有裝置都能連上網路。連我的冰箱都有應用程式！現在家中各個角落都開始有智慧裝置了，不久的將來，這些裝置就會讓我們以更直接的方式連結彼此。這個未來對於社群媒體的影響還不十分清楚，但這確實是個快速推進的趨勢。此外，元宇宙平台（雖然目前技術上還是一個螢幕）已經能讓人們帶上虛擬實境耳麥互動，許多開發商都創造了線上的空間和體驗。有鑑於加入過遊戲社群的人已經擁有類似體驗，這些網路空間被大眾接受的時間點，也許會比預期來得更早。

6. 與AI一同創作。要吸引顧客、讓他們參與互動還要留住他們，需要有大量內容，這時AI應用程式就能減輕我們的負擔。有現成的軟體工具可協助寫作與圖像製作，也能進行影音編輯甚至軟體編碼。許多平台與工具都加入了AI功能，比方你的電郵軟體也許已經能幫你完成句子。AI愈來愈聰明，甚至會把你常用的表達方法學起來，讓語氣更像你本人。

7. 利用訊息平台與自動化。在社群媒體與大量顧客直接對話看似是遙不可及的遠大目標，但許多應用程式已應運而生，幫助你做到這點。有顧客在你的社群媒體貼文下方留

言時，自動化應用程式可以向對方發送訊息，甚至還有多種不同的感謝訊息可以輪流使用，降低機械感。不同工具間的自動化日益普及，不花大錢也能打造細緻的行銷方案。

8. 克服「廣告不耐症」。廣告是在已經點燃的火上澆油。社群媒體上的廣告能幫你拓展觸及率，但劣質的內容只會產生反效果。這些廣告看上去若長得像該平台上的一般內容，效果最好。廣告能加快成長，但具備優質的內容和提案是前提。可以在已有不錯關注度的內容上投放廣告，也可以針對看過你的影音或與你的內容有過互動的人為投放對象。先提供價值，再推銷。

9. 創造信任標記。社群媒體是與你的網路社群建立信任的好地方，但信任的建立談何容易。錯假訊息氾濫的今日，人們會處處提防也是情有可原。愛德曼全球信任度調查（Edelman Trust Barometer）指出，相信自己在社群媒體上所見內容的受訪者只有38％。[4]但若內容為企業或雇主發布的資訊，這個數字就跳升為54％及65％。一般的推薦文效果有限，但以故事形式述說經驗，在社群媒體上會更有分量，有助於建立信任。蒐集並分享這些故事，是建立信任與

---

4 作註：Edelman. "2022 Edelman Trust Barometer." https://www.edelman.com/trust/2022-trust-barometer.

社會認同的有效辦法。

10. 強化連結。在社群媒體上建立的大量連結，屬於關係中的弱連結。追蹤你或甚至為你的貼文按讚的人，都未必算得上品牌興趣的可靠指標，遑論支持度。

要加強這層連結，得先把社群媒體視為一個手段，目的在把陌生人變成你的內容（如部落格、podcast或影音系列）訂閱者或你的社群（網路或實體皆可）成員。把社群媒體的粉絲變成你的受眾或活躍社群的一員，意味著你朝建立有意義的關係邁進一大步。當顧客與你及你的產品間有了強固的情感連結，你就有了一群有行動力的受眾。

舉例來說，我定期主持「休士頓社群媒體早餐」（Social Media Breakfast of Houston）。裡頭許多朋友一開始都只是陌生人（社群媒體上的新聯絡人），但社群中的互動，催生了後來各種合作、募款和夥伴關係。有趣的是，我本來也只是馬克・薛佛在社群媒體的聯絡人，但在真實生活見過面且成了他社群的一員之後，我們發展出友誼……然後我就在這本書寫了這一章。這就是社群媒體的力量！

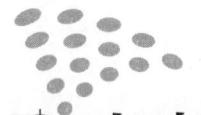

15 大家都愛Facebook

> 作者

曼蒂‧愛德華茲（Mandy Edwards）

ME Marketing Services老闆，這是一家位於喬治亞州斯泰茨伯勒的數位行銷公司。身為人妻、人母，並擁有20多年行銷專家經驗的她，熱愛協助企業在網路上找到立足之地。更多資訊請參閱memarketingservices.com。

無論你喜不喜歡，Facebook的地位一時間是難以撼動的。Facebook一直是個話題與爭議性很大的社群平台，但這些爭議並未阻止它的30億月活躍用戶（monthly active users，或MAU）[5]每天登入。這個Meta公司旗下的平台有超過兩億家公司[6]，是數位行銷的兵家必爭之地。

---

5 作註：Statista. "Number of monthly active Facebook users worldwide as of 3rd quarter 2022." https://www.statista.com/ statistics/264810/number-of-monthly-active-facebook users-worldwide/.

6 作註：Facebook, Inc. "Fourth Quarter 2020 Results Conference Call." January 27, 2021. https://s21.q4cdn.com/399680738/ files/doc_financials/2020/q4/FB-Q4-2020-Conference Call-Transcript.pdf.

多年來，Facebook在演算法、內容審核與競爭操作等問題上頗受詬病。儘管如此，它依然是、也應該是企業踏入社群媒體行銷的首選平台。

不管你是社群媒體行銷新手，還是想知道更多的老鳥，以下10個關於Facebook行銷的現實與訣竅，是所有企業都應該知道的：

1. 要做自己，要被看見。平均而言，你的粉絲會看見你內容的只有8.6%，而會對該內容有回應的僅僅1.4%。[7] 所以，怎麼做才能讓你的內容被分享出去、讓更多人看見？你的內容必須真實呈現你和你的事業，同時也必須是你的目標受眾所關心和在意的主題。你可以問問題、提供資訊，偶爾離題搞笑一下。不管貼什麼，都必須能反映你事業的立場和調性。假如在真實生活中你被公認是個毒舌的人，那在網路上就維持毒舌風格。假如你線下是個無懈可擊的專業人士，那在線上也應該如此。

2. 先了解你的受眾。在Facebook替你的事業行銷前，你得先知道你想觸及的人是**誰**。假如這個完美客戶走進你店裡，他們是怎樣的人，想要什麼？有意義、提供實用資訊的內容能引起用戶興趣，得到Facebook優先推播。舉例來說，假設你從事兒童醫療行業，流感季來臨時，你可以貼文

分享保持健康的要訣,以及家長如何判斷生病的孩子何時可以回學校上課等資訊。

3. 積極促成互動。在Facebook行銷並不是單方面自說自話。你不能貼個文以後就什麼都不做,等著別人過來跟你互動——你必須主動促成這些互動。利用內容來開啟對話(見第2點),有人留言時要有所回應。通訊科技公司Sinch的研究顯示,有89%的人希望在社群媒體與企業進行雙向對話,但53%的人表示有被企業忽略的經驗。[8]想流失粉絲或顧客,最快的方法就是不搭理他。主動出擊,不要消極被動。

4. 製作影片,但短短的就好。沒錯,影片與連續短片Reels的風潮看來會持續好一陣子。Facebook的數據顯示,用戶花在Facebook與Instagram上的時間有一半在觀看影片,其中連續短片是成長最快的內容格式。[9]連續短片是

---

[7] 作註:Cucu, Elena. "Social Media Reach Is Declining on All Major Platforms." Socialinsider, September 2, 2022. https://www.socialinsider.io/blog/social-media reach/#socialmediareach.

[8] 作註:Hasen, Jeff. "Businesses aren't getting the message: new report finds brands are leaving customers frustrated by failing to reply" Sinch, March 31, 2022, https://www.sinch.com/news/new-report-finds-brands-are-leaving customers-frustrated/.

[9] 作註:Meta. "Launching Facebook Reels Globally and New Ways for Creators to Make Money." February 22, 2022. https://about.fb.com/news/2022/02/launching-facebook-reels-globally/.

Meta為因應抖音（TikTok）的競爭而推出的娛樂性短影片功能，能在動態消息或連續短片專屬分頁上觀看。如果你很怕出現在影片裡（我也是！），請面對你的弱點，像Nike講的一樣，「去做就對了」（just do it）。不要擔心你的作品沒有價值，原汁原味的影片能讓別人認識你，也讓你──還有你的事業──顯得更有人性（參見第1點關於忠實呈現的部分）。影片內容有太多可能性：可以做辦公室導覽，也可以問員工問題或做產品試用，再配上有趣的音樂就大功告成了！你完成了你的第一支連續短片！（好康加碼：你可以下載在Facebook或Instagram製作的連續短片，貼到其他社群平台。）

5. 別忘了你的「近況」。 雖然Facebook主打影片與連續短片，但我們別忘了美好而老派的近況更新。大家都忙著上傳照片、影片時，樸實無華的近況更新在動態消息裡反而更顯得清新脫俗。根據Hootsuite公司的2022年全球數位狀況報告（Global State of Digital），近況更新在Facebook中享有最高的互動率，為0.13％，照片次之，為0.11％，影片為0.08％。[10] 請不要被這些數字嚇到，這些只是平均值，有些頁面有較高的互動率。

6. 讓員工動起來。 你的員工是協助分享內容的利器，

請鼓勵他們多多分享你的Facebook內容。這不僅能擴大你的頁面觸及，還能增加你的事業對新受眾的曝光度。把分享遊戲化，是讓員工動起來的好辦法。辦個比賽，比比看誰的分享和互動數最多，把這變成一件好玩又有好康可拿的事！

7. 投放Facebook廣告。這個主題有不少討論的專書，這也合理，畢竟Facebook的活躍廣告主數目已經突破了300萬大關。[11]比起2007年剛引進時，Facebook廣告有了長足的進步。商家有多種廣告目標、類型、受眾和版位可以選擇。價格上也算實惠：每個月花費不到100美元在Facebook投放廣告，也能看到效果（這點取決於正確的目標受眾和廣告內容）。良好的Facebook廣告計畫，必須釐清你為何要廣告、你的目標受眾是誰，以及哪一種廣告類型最能達成你的目標。你得有心理準備，在Facebook上廣告必須經過大量試誤，需要同時測試數個廣告，看看哪個績效較好。

8. 用「社團」打造社群。Facebook力推社團（Groups）已經有好一陣子了，也新增許多實用功能，幫助商家深化與客戶的連結。每個月有18億人使用Facebook

---

10 作註：Hootsuite. "The Global State of Digital 2022." https://www. hootsuite.com/resources/digital-trends.

11 作註：Meta. "3 Million Advertisers." https://www.facebook.com/ business/news/3-million-advertisers.

社團進行對話、學習，及取得獨享資訊。[12] Facebook的活躍用戶每人平均加入了五個社團！許多小型零售商家會創建Facebook VIP社團，作為貴賓互相交流的園地，也會在這裡搶先發布最新特價及新到商品資訊，讓貴賓早一步得到訊息。營養師會創立Facebook社團，讓大家分享食譜。社團是讓你了解粉絲的好方法，有助於創作真實呈現（見第1點）與有意義（見第2點）的內容。品牌行銷其實就是情感連結的建立，而許多企業其實都低估了Facebook社團在這方面的潛力！

9. 留意版權問題。請只用你確定有權使用的內容。2021年，Facebook因版權、商標或仿冒舉報，移除了近500萬筆內容。[13] 發布這些非法內容的帳號，許多都遭到停用或永久停用。創作自己的影音、圖樣，使用自己原創的照片和影像，永遠是上上之策，因為你擁有這些內容的權利。不小心在內容中用了無權使用的東西，可能會害你吃上官司。

10. 多方嘗試各種選項。為大家所熟知且愛用（或深惡痛絕）的Facebook，其實只是該平台的一小部分。從限時動態、連續短片，到拍賣市集（Marketplace）再到Facebook直播，對業者而言有太多內容選項與機會。你可

以再深入研究Facebook像素[14]、Facebook Messenger、Meta Quest（前身為Oculus），和Audience Network等。花點時間探索Facebook和Meta提供的工具，看看最適合你的是哪些。沒有兩個事業是一模一樣的，記得多方嘗試，好好玩一玩。

---

12 作註：Facebook. "We're Launching New Engagement Features, Ways to Discover Groups and More Tools for Admins." October 1, 2020. https://www.facebook.com/community/ whats-new/facebook-communities-summit-keynote-recap/.

13 作註：Meta. "Notice and takedown." https://transparency. fb.com/data/intellectual-property/notice-and-takedown/ facebook/.

14 譯註：Facebook像素（Facebook Pixel）是一段程式碼，商家在網站中串接這段程式碼後，可了解用戶在網站上採取的行動，藉以衡量廣告成效。

⑯ 駭進 LinkedIn 演算法

> 作者

理查・布里斯（Richard Bliss）

矽谷銷售顧問公司 BlissPoint 創辦人，著有《數位優先領導力》（*Digital-First Leadership*）等三本著作。更多資訊請參閱 www.blisspointconsult.com。

「你為什麼搶銀行？」

「因為錢在那裡。」

——美國銀行搶劫犯威利・薩頓（Willie Sutton）

說到 LinkedIn，答案也是一樣的：為什麼要在 LinkedIn 上行銷？**因為錢在那裡**。會付錢買你東西的顧客，99％有 LinkedIn 帳號。幾乎所有人都有。不論做的是嬰兒玩具或葬儀生意，付錢的**那個人**還是有 LinkedIn 帳號。

但要是說起你在 LinkedIn 上行銷的努力，很可能完全不得要領。大部分公司對所有社群媒體都用同一套策略。

但LinkedIn不一樣，理由很簡單：**錢**！

思考一下這個問題：Facebook、YouTube、Twitter（X前身）、Instagram和TikTok怎麼賺錢？簡單：**廣告**。這些平台的收益，幾乎都靠把顧客的注意力轉化為廣告收益流。這很煩人！

你發現上面的名單少了哪家公司嗎？LinkedIn。LinkedIn的收益中，僅兩成來自廣告，其餘八成來自客戶付費使用的三個主要工具：付費的Premium帳戶、業務（Sales Navigator）和人才（LinkedIn Recruiter），簡言之，就是會幫忙賺錢的應用程式！

可想而知，LinkedIn演算法獎勵的是會促成商務成功的對話。你成功，他們就成功！要利用LinkedIn加速品牌及事業成長，請留意以下10個（可能讓人意外的）注意事項：

1. 評論規則。在LinkedIn上發布貼文時，一開始你的內容不會向你的所有聯絡人顯示。顯示對象甚至連你一半的聯絡人都不到。其實，只有一小部分人會看到你的貼文，通常比例不到你人脈的一成。為什麼？答案看似簡單：LinkedIn要利用你人脈的行為，來決定你的內容價值，換言之，它很聰明地用你一小部分人脈的回應，來決定你的內

容是否值得分享給更廣大的受眾。

你的貼文一旦上線，LinkedIn就開始注意這則內容與選定的小樣本群之間的互動。「評論」（comments）是最受LinkedIn喜愛的互動類型。LinkedIn的策略是對於開啟對話的內容給予獎勵乘數（觸及加乘），而它量測對話價值的依據，是你每則貼文收到的評論數目和品質。

2. 搶時機很重要。 你的貼文上線後的60-90分鐘，是互動的黃金時間。如果你的測試群對你的發文表現出興趣且開始評論，LinkedIn的演算法就會注意到。如果在發文後一小時內達到足夠的評論數（至少10個），LinkedIn就會把你的貼文移到更大的群裡——接下來24小時內至少1000人）。達不到這個評論門檻，是大多數貼文只能觸及2-3％總關注人數的原因。

為了提高觸及，你應該誠心回覆那些在你貼文下評論的人。切記，你在創造對話！

3. 少用連結。 貼文中附連結讓讀者連上部落格文章或影片等外部內容，感覺上是司空見慣的事。但在LinkedIn這麼做你會吃虧，其演算法若在你的貼文發現連結，測試群的觸及率就會被降低50％，因為你讓其他人連到LinkedIn以外的平台。規避這個罰則的辦法如下：

・修改內容，使貼連結的必要性消失。例如，把整篇部落格文章當做一則內容貼出。

・把連結放在評論區。但記得，別人分享你的貼文時就不會附帶連結了，因為評論不會跟著貼文被分享出去。

・發布貼文時**不包含**連結，但一等貼文上線後就立刻編輯貼文，把連結加回去。

4. 著重個人頁面。LinkedIn提供建立公司專頁和個人頁面的選項，但其演算法對這兩者並非一視同仁。要讓公司的內容觸及更多受眾，有一個取巧辦法：請一位員工把公司內容發布在個人頁面，而非公司專頁上，然後公司再評論該員工的這則貼文，並將其分享在公司專頁上。由個人率先發文，通常能擴大觸及人數五倍到十倍。

5. 極大化貼文分享效果。想要有效分享某人的貼文，以下步驟可提高觸及：

・按下分享鍵，並加入50到100字的原創評論。

・加入與原始貼文不同的主題標籤3-5個。

・在評論中使用@符號，標記你分享的貼文來源，可能為個人或公司。

・讓原始貼文的擁有者在你的分享貼文發布後一小時內來評論。

只要按以上步驟操作，被分享貼文的觸及通常能達到原本的三倍以上。

6. 不要太常發文。為保障用戶體驗，LinkedIn對於間隔太近的貼文會限制其觸及。以個人頁面來說，發文間隔短於18小時就會被限制觸及。LinkedIn會對該貼文祭出最多觸及你95％受眾的上限。把發文分散，大約一天一則即可。若某則貼文引起廣大回響，再發新文前要多等一等。這能為前面那則成功的貼文爭取更多時間，蓄積動能，觸及更廣大的受眾。這個策略不影響公司專頁的貼文，因為公司專頁的觸及率反正只有2-3％。好消息是在公司專頁上，你可以愛怎麼發文就怎麼發；壞消息是沒人會看到你發的內容。

7. 影片並不受歡迎。LinkedIn觸及與互動效果最好的內容種類是純文字貼文，或附有單一原創影像的文字貼文。但注意：不要用那些很醜的庫存照片或無聊的行銷照片，那些是績效墊底的內容種類。自己花點力氣吧！影音內容在TikTok或Instagram雖然很吃得開，但在LinkedIn上是最吃鱉的。倒不是LinkedIn反對影音內容，而是你那小小的測試群很少會對你的影片發表**評論**。影片不會開啟對話，而對話是LinkedIn判斷你的內容是否有趣、值不值得擴散給更多受眾的依據。

8. 發展一套評論策略。接下來要分享的，可能是增加LinkedIn觸及這個話題上最大的驚奇：與其把全副心力擺在創作自己的原創內容，不如分配一些時間，規律地在他人的對話中提出一些殺手級評論。藉著留下（長度上）夠分量、具洞見和價值的評論，你在LinkedIn雷達上會更值錢。即使只是每天二到三則有意義的評論，一週下來，你的個人檔案瀏覽次數可能會增加二到三倍。

9. 建立扎實的個人檔案。前面提到的幾點，應該能大大提升你在LinkedIn上的表現。得到更多關注，也意味會吸引更多人查看你的個人檔案頁面，因此在這裡做有效呈現就很重要了。注意以下幾個重點區域：

・封面圖片：為你自己和你的品牌設計視覺呈現，避免使用大量文字，尤其字型太小的文字，因為這不利於在行動裝置上閱讀。

・檔案照片：放上你的大頭照，裁切在鎖骨部位，打光良好，鼻子位於照片中央。

・標題：若你是B2B（企業對企業）業務代表，在標題列出你服務的公司和職稱。潛在客戶需要能立刻辨識出你是不是他們需要的人。若是個體經營者，要避免關鍵字的堆砌，請用簡明扼要的句子說明你在做什麼，以及對顧客能提

供什麼價值。

・以**受眾**而非招募人員的需求為設想,建立個人檔案。

10. 一切都「關於你」。LinkedIn的「關於」（About）這個區塊,是你述說自己故事的絕佳機會,對象可能是顧客、潛在顧客,或準備打開機會之門的人。以下幾點能使相關資料發揮更大效果:

・不要弄得像履歷的自我推薦信。明確指出你的經驗,你對未來準備與你合作的人將提供哪些價值。依據自己過去的經驗,說明你今時今日能帶來的價值。

・不要說你做這行已經有20多年資歷這類的話。即使你在上個世紀末就開始做這一行,也沒什麼了不起的。重點是**為什麼到了今天你依然很有競爭力**?

・盡量寫超過三行。你的受眾點擊頭三行下的「⋯⋯更多」,是因為他們想讀更多。那就讓他們多讀一點。「關於」這個區塊,至少應包含數個段落。

・在此處說明與你建立關係的價值在哪。你會解決什麼問題?你的獨到之處為何?

你可能會覺得以上有些方法有點違反直覺,但這些方法都經過驗證,能提高LinkedIn上的曝光度,增加對話和個人檔案瀏覽次數,進而推升業務的成長。

⑰ 抓住TikTok的文化浪潮

> **作者**
>
> 喬安・泰勒（Joanne Taylor）
>
> 作家兼編輯，定居在斯里蘭卡。她醉心於所有與行銷有關的事物，喜歡融合世界神話的大眾文學。這都與溝通和好好說故事有關。要聯絡她請上LinkedIn（帳號名JoanneAjatar），或至ajatarbook.com查看更多資訊。

TikTok是成長最快的社群媒體平台。雖說不是毫無爭議，但它深受Z世代以下年輕人愛戴卻是不爭的事實。你可能覺得TikTok的文化讓人摸不著頭緒，但要在這個平台上成功，也許沒有想像中困難。

TikTok是觸及重要新受眾的絕佳平台。這個平台的推薦演算法很神奇，總能把內容跟正確的人配對在一起——是說這些人有沒有關注你就不一定了。既然短影音風潮注定要繼續，現在投入是最完美的時機。

不必擔心這會需要大量人力和預算。反應靈敏又接地氣

的商家,在非常個人又變動快速的TikTok世界技壓大企業的例子所在多有。以下10個觀念,能幫助你在TikTok有效行銷:

1. 每個人的聲音都值得被聽見。TikTok用戶期待的是一支不做作、不必太完美,短而吸引人的影片。他們在乎誠實,喜歡如實呈現,想感受與他們個人的連結。你可以運用已經具備(或從本書中學來)的技能,來發想內容點子,並用人性的方式呈現出來。

如果你很不想上鏡頭,回頭想想**為什麼**你在做這個。要維持幹勁,心中必須有個具體目標,比如建立電郵寄件清單,或為你的訊息、品牌提升曝光度等。在與個人事業密切相關的前提下,忠實地呈現自己。讓你真正感到熱情的那些想法發光發熱,你的受眾會感受到的。秀出你的幹勁和熱忱,即使每次只持續15秒!

2. 設立個人帳號與企業帳號。**個人帳號要**放一張面部清晰的個人資料照片,個人簡介長度上限為80個字元,所以得用簡潔的方式表現出自己的個性。企業帳號可以在自介中加入一個連結,而兩種帳號類型都提供實用的分析資料。

如果你打算使用廣告、外包給第三方社群媒體管理,或雇用創作者和你的品牌合作,那你可能需要設一個企業帳

號。但若沒有以上需求，建議從個人帳號開始。個人帳號可以使用完整的音樂庫，日後要切換也很容易。企業帳號只能取得可供商業使用的音樂與聲音庫。

3. 讓自己沉浸在這個平台裡，或找個能做到這點的人。沉潛、觀察，大量吸收關鍵字搜尋結果，好好領會這裡的文化，因為它與你的理想顧客能產生共鳴。做這些功課有助你熟悉這裡的規範、價值觀和語言，畢竟這是你想攻占的地方。即使每天只花幾分鐘，也有助你掌握對你的目標受眾而言重要的主題標籤，並學習最佳實務。

TikTok的內容看似簡單，但就和所有內容創作一樣，其製作也需要時間、心力，更需要掌握平台文化才能成功。如果你實在擠不出時間，或實在不想做，找找看公司裡有沒有數位原生世代，他們應該幫得上忙。在團隊中加入已經熟習TikTok語言和文化的成員，跟著他們走。

4. 避免錄影上的常見錯誤。你不需要做出製作精良、拍攝專業的影片，有一支手機就夠了。以長寬比9：16、影像畫質至少720p的直式拍攝。（若把其他來源的影音拿來重新利用，也要符合這個規格。）每次錄影前別忘了清潔鏡頭，眼睛要看鏡頭，製造眼神接觸。

運用你研究TikTok影片所得到的啟發，決定你理想的

畫面呈現。要從視覺效果上考慮背景和道具；你的選擇甚至可能決定哪些人會看你的影片。有窗戶照進來的自然光就可以了。

很多人會犯的錯誤是影片拍得太長，所以把目標設定在15到35秒即可。隨著受眾人數成長，偶爾可以穿插幾個長一點的影片。記得，在TikTok這個平台「聲音」很重要。影片的音訊品質及音樂選擇，會左右受眾體驗。

在TikTok應用程式內錄影，切換鏡頭很方便。影片開頭的幾秒鐘要放入「鉤引點」（hook）抓住觀眾注意力：可以拋出一個問題，或來一句有趣的陳述。不過你不需要為了與眾不同而挖空心思，TikTok的文化很習慣反覆，或在已經爆紅的網路梗上加以延伸變化。要有人味，做自己，發自內心。

5. 要值得別人關注。在TikTok得到一席之地，不是靠把人騙進來看你的內容──受眾對這些伎倆非常提防。不管你是走娛樂路線、教育路線，是具有啟發性或只是單純的怪，你都需要證明自己的價值，來贏得受眾。

一個小撇步是在影片開頭幾秒加入標題文字，作為「鉤引點」的一部分。試試用讓人感到好奇或驚訝、或是與你的受眾切身相關的文字，來抓住他們的注意力。啟用自動字幕

生成器,也別忘了在影片縮圖加上文字,這樣瀏覽你檔案的人,可以很容易決定接下來要看什麼。

在製作影片的內容描述時,提一個問題來鼓勵互動,接著要加上主題標籤(hashtag)。要加一些相關但定義較寬的標籤,搭配一些適用於你和你的事業、專門的利基標籤。想想看,假如有人在找像你這樣的人,他們會用什麼關鍵字?

6. 內容再利用時要小心。企業主都想讓內容資產物盡其用,你可能也很想在包括TikTok在內的許多通路上使用同一份內容。

但是,千萬要注意文化上的適配問題。TikTok粉絲對於與這裡格格不入的內容,可是特別敏銳。

考量到這個特性,有的創作者會在來自其他平台(甚至是podcast)的內容上加上適當的創意處理,再放上TikTok。也可以利用其他內容的片段或場景,引導受眾前往某個網站,或甚至提出「行動呼籲」。

與其把其他來源的內容硬塞到TikTok上,另一個選擇是把你的TikTok內容再利用到其他地方。TikTok影片已經滲透到許多社群通路甚至主流媒體了,很多人都很喜歡在他們的社群平台上看到有趣的TikTok影片。

7. 富有實驗精神。要知道，Tiktok不斷在進化。說這裡是文化的發生地也不為過！嘗試不同的主題、風格和功能，看看有什麼可以擄獲你的受眾和TikTok推薦引擎（推薦引擎負責自動供應每位用戶的「為您推薦」動態）。把你貼出的每支影片當作一個嘗試。例如可以試用綠色螢幕、貼圖、聲音和旁白的效果。也可以私訊影片當作練習。

不是每次嘗試都能成功，但要繼續試驗、修正，在失敗中求進步。有時，犯錯反而使你與眾不同、讓大家記得你，反倒有好效果也說不定。

8. 留意趨勢、挑戰和社群。從TikTok上最受歡迎的主題標籤看到的流行趨勢和挑戰，可能是觸及更廣大受眾的好方法。選項通常很多，而且可能連唱歌跳舞都不需要！也有一些挑戰是聚焦在學習新事物或者散播歡樂和幽默的。

另外，平台上不斷會有新的子群體組成，稱為「CommunityToks」。這些社群結合共同興趣（如書籍社群#BookTok或植物社群#PlantTok），可能是汲取靈感和觸及相關受眾的好地方。

掌握TikTok的流行趨勢就能發現新的內容機會，尤其是與你的事業更相關的人們。你並不需要到處參加TikTok上各種稀奇古怪的新社群，但要注意與你的事業內容相關的

文化轉變、迷因（網路上爆紅的事物）、子群體和流行歌曲等。

9. 積極與其他人合作。建立關係，依然是在社群媒體上放大成功的主要辦法，在TikTok上尤其如此。

可以先從你喜歡並且和你事業相關的內容互動開始。有人在你的貼文下留言或私訊你時，要回覆。不要因為執著於衝高關注人數，而忽略了多認識粉絲的機會。你不需要一天發好幾次內容，但若能固定發布，你的關注者就能預期你什麼時候會出現。當你建立起社群感，就會有更多人願意支持你。TikTok這個地方，關係比數字重要。

在應用程式內編輯影片時，很容易就可以提及粉絲或朋友，你可以標記他們，可以提到給你靈感的幾支影片、或某個風潮的原創作者。TikTok的合作工具包括「合拍」（duet）和「拼接」（stitch），前者讓你的影片能與某個人的影片同步播放，後者讓你可以在某人的影片末尾錄製你的回應，這些工具提供了共同創作的機會。只要有人與人互動的地方，口碑推薦都是最強有力的行銷元素。

10. 不要另外製作廣告，力推你的TikTok影片就好。觀眾想看與他們相關又吸引人的內容，對於一看就知道是廣告的廣告，他們不感興趣。他們喜歡你的影片，自然會去查

看你的個人資料和其他影片。不停自賣自誇很難給人好印象，人家一滑就把你滑開了。廣告也是如此。試試沒那麼明顯的行動呼籲，或提供管道給想進一步知道更多資訊的人。

如果公司裡沒人能負責品牌的TikTok帳號，或用個人TikTok帳號支援你的品牌，也許要考慮在行銷團隊中加入新創作者。可以上TikTok的創作者市場（Creator Marketplace）找人。

⑱ 讓人留下深刻印象的有意識Instagram經營法

> 作者

瓦倫提娜・艾斯柯巴-岡薩雷茲
（Valentina Escobar-Gonzalez）

企業管理碩士，2012年創立 Beyond Engagement 以後，事業就蒸蒸日上。對於運用社群行銷幫助企業強化顧客互動滿懷熱情。已婚，育有兩個不滿九歲的女兒，平日積極參與社區事務。更多資訊請參閱 beyond-engagement.com。

　　我的事業如今邁入第十個年頭，當初若不是Instagram和我在本章分享的技巧，我不會有今天。

　　多年來我經常主持研討會，講授這個平台的策略和最新發展。Instagram不像Facebook，不需要經由個人帳號與對方連結，也能經營彼此的關係。我可以「追蹤」我喜歡的作家，在我的「限時動態」標註他。我可以與我喜愛的商家貼文互動，他們就可以查詢到我（前提是對方是這個平台的活

躍用戶）。拜Instagram之賜，我在疫情期間仍持續能接到案子和客戶，這是因為早在2020年之前很長一段時間，我一直有意識地經營Instagram上的活動和互動。

這裡把我的幾個策略重點整理如下：

1. 與你的客群互動。《富比士》雜誌一篇題為〈經營客戶關係不能懶〉（Don't Get Lazy About Your Client Relationships）的文章中，企業家派屈克‧赫爾（Patrick Hull）指出：「商家銷售給既有顧客的機率為60至70％，而銷售給新的潛在客戶的機率只有5到20％。」[15]行銷人喜歡追逐「虛榮指標」（如按讚數和追蹤人數），但我們更該做的是耕耘顧客關係，包括現有顧客、潛在顧客及待開發顧客，方法是開啟他們的帳號通知。首先，訪問他們的Instagram自介頁面，按下「追蹤」，再按下小鈴鐺開啟通知。這樣一來，他們更新發文、限動和連續短片時，你就能在手機主螢幕上收到通知。這麼做有兩個好處：你能知道他們的近況，且你與他們的內容互動時他們會收到通知。

2. 做獨一無二的自己。開始經營Instagram前，先找出自己與從事類似行業的人區隔在哪。是你的傳承、背景、成長過程嗎？你的學歷？還是你並不傲人的學歷？你有獨特的觀點與見解？你的風格、嗜好或寵物？

每次發布內容、使用主題標籤或地理標記，都會使你觸及到新受眾，這時你自介頁面上的說明文字，應該能幫助這些人與你連結或對你產生個人的認同。大方地呈現自己。你的受眾會欣賞你做自己，但首先，你必須先找到自己的獨特之處，並用這點貫穿所有內容。

3. 加入策略性語言。你想讓別人知道的關鍵字和內容，務必都要放入自介頁面，另外也加入一些細節，例如你對社區的參與或讓你熱衷的事物。留意你在自介頁面放入的連結。你希望把受眾導向你的網站嗎？或者你比較希望使用Linktr.ee之類的第三方選項，把追蹤者導向你的網站之外的不同連結？

4. 加入主題標籤，增加宣傳力道。主題標籤能幫助你觸及新受眾。若你的顧客主要是在地人，使用你所在的城市及市鎮標籤。若你居住的城市在其他州有同名城市，請在貼文中把城市和州名縮寫都放進去（如#JohnsonCityTN），以免混淆。可以在你的在地化主題標籤策略中加入附近城鎮。

---

15 作註：Hull, Patrick. "Don't Get Lazy About Your Client Relationships." Forbes, December 6, 2013. https://www.forbes.com/sites/patrickhull/2013/12/06/tools-for-entrepreneurs-to retain-clients.

若你不是要做在地推廣，就加入與你的潛在客戶切身相關的其他關鍵字。如果在主題標籤這裡卡關，可以快速搜尋一下主題標籤，尋找可能派得上用場的變化選擇。在Instagram上，點擊畫面下方的放大鏡就可以探索主題標籤。

另一個在地理上擴張事業的方法，是追蹤所在城市的主題標籤，並與和你有關的帖子互動。這是你的社群，在自介頁面中聚焦這一點。訪問你頁面的潛在追蹤者會看你的自介，並在極短的時間決定你是否值得追蹤。

5. 使用「限時動態」。你有在用Instagram限時動態嗎？如果沒有，我建議你開始用。很多人在工作的時候、一個人吃午餐的時候、或無聊的時候都會點限動來看。我個人與受眾保持聯繫的方法是幫別人按讚留言分享，並在自己的動態消息放一個限時動態。從限時動態的後台數據統計，可得知有多少人看過這則限動，即使他們沒有按讚。

6. 使用貼紙（Stickers）。貼紙可以讓你的Instagram限動更吸睛。打開限動時，那個看起來好像快脫落的笑臉圖示就是貼紙按鈕。貼紙可加入地點和其他有趣的相關細節，擴大貼文觸及。貼紙的投票和「歡迎提問」功能可以鼓勵互動，尤其適合拿來做新產品或發表會的意見調查。最重要的

是，你可以在你的限動中標註其他人，這樣他們可能會把你的限動分享給他們的受眾，擴大你的觸及。現代人都很忙，需要提醒，這時「倒數計時」貼紙就能派上用場，讓大家別錯過你即將舉辦的活動或發表會。字幕貼紙也很實用，因為大家看你的影片時很可能是用靜音模式，而且他們不會讀唇語！

7. 使用連結。幾年前，Instagram上的追蹤人數必須超過一萬人，才能使用「向上滑動」（swipe up）把受眾導向其他網站。如今，不必有那麼多人追蹤，也可以使用「連結」貼紙。貼紙內文還可以客製化，描述連結將導向的網站。

8. 好酒不要沉甕底。充分利用Instagram的展示空間，把最重要的資訊放在說明文字的開頭。你的追蹤者如果想看更多，必須點開頭幾個字後面的「更多」按鈕。哈赫特（Nancy Harhut）在其著作《行為科學在行銷中的應用》（*Using Behavioral Science in Marketing*）建議：「在說明文字中加入某些字眼，例如祕密、一窺、祕辛、真相、不為人知的故事等，能讓人覺得你這裡有其他地方看不到的資訊。」[16]

9. 在私訊中加入聲音或影像。在Instagram上傳送私訊

時可按下麥克風圖示，以語音訊息回覆，增添個人色彩。這種出乎你顧客意料的回覆方式，可能會讓他們覺得很有人情味。如果你覺得自己當時的樣子還可以，不妨更進一步點開私訊裡的相機圖示，加入自己的相片或錄影。我在素顏狀況下就開過相機，事後在感謝聯絡人追蹤我時，他們對這點表示欣賞。

10. 用「密友」（close friends）連結核心受眾。最後，我跟受眾搏感情還有一招：用「密友」功能發送限時動態給我的最佳客群。這個功能可用於發送幕後花絮、新品推出之類的獨家消息。只需要在上傳影像或錄製影片後，按下限動螢幕下方的「密友」即可。發布後，你的個人資料照片外圍會顯示綠圈，與發送給一般受眾限動的粉紅色圓圈區別。不過你必須先手動把這些帳號加入你個人檔案的「密友」清單中，密友清單在三條線的選單圖示下（也有人稱漢堡或三明治圖示）。

---

16 作註：Harhut, Nancy. Using Behavioral Science in Marketing: Drive Customer Action and Loyalty by Prompting Instinctive Responses, 1st Edition. London: Kogan Page, 2022.

⑲ 讓Twitter（即今X）影響力躍增10倍的10個簡單步驟

> **作者**
>
> 茱麗亞・布蘭波博士
> （Dr. Julia Bramble）
>
> 社群媒體行銷顧問、教練及講者，合作對象是小型企業及行銷團隊。曾是法醫學者並有分子生物學博士學位的她，現在已經不再埋首DNA分析，轉而鑽研人與人的連結。更多資訊請參閱www.bramblebuzz.co.uk。

許多人都小看了Twitter[17]的影響力，因為他們「不了解它」。其實Twitter在與人連結和建立關係上蘊藏著豐沛機會，而關係的建立正是任何事業成長的核心要素。要從Twitter收割最大成效，你必須把它視為一個與人對話的地

---

17 譯註：已於2023年7月改名為X。

方,而對象包括你最親近的圈子,和這個圈子之外的人們。傳統上,大家都聚焦在追蹤人數,或把Twitter僅僅當作一個顧客服務通路,但其實運用Twitter營造印象與加強互動的重要性,並不亞於前兩者。

你擔心人家都說Twitter上意見分歧對立,是個是非之地?別忘了要追蹤誰、要看什麼內容,永遠是你可以選擇的。你還可以設定過濾器,隱藏包含特定關鍵字詞的推文。不管你是用Twitter來連結潛在顧客、推薦人或同儕,希望以下十個要點能讓你花在這裡的時間更有收穫,或者如果你還沒用過Twitter,能讓你願意一試:

1. 用推文開啟對話。你的每則推文中,都應該包含直接價值,不能只分享某個連結。先不說包含連結的發文會被Twitter演算法降低觸及,你真覺得滑著手機的大家會專程為了看你的內容,點進一個沒聽說過的網站嗎?然後他們看一看再回來在你推文下留言的機率有多高?恐怕很渺茫吧。還不如你把價值放在推文裡,然後提出疑問或問問大家的意見、經驗等,藉此提高對話的機率。

Twitter上的對話步調可能很快,但你會發現幾個小時或甚至幾天前分享的推文會再浮出來。要得到注意,其實不需要一天發很多篇文。

2. 使用Twitter推文串。在內容上增加一點變化。藉著Twitter推文串（Twitter threads）的創作，來分享篇幅較長的文章。方法是先發一則推文，接著再用回覆該則推文的形式新增推文，可以反覆新增回覆。（這在Twitter上操作簡便：尋找「＋」號圖示，推文串中的所有推文即可同時發布。）這種格式效果通常很好，特別是第一則推文中包含有效的「鉤引點」，讓人想讀完整個推文串的時候。在推文串的最後一則推文中加入行動呼籲，比如邀請對方取得更多資訊等。

3. 善用互動，互動是極大化Twitter影響力的祕密。互動是王道，理由有二：一是人性，二是演算法，後者會以增加觸及來獎勵互動，且（在預設設定開啟下）會把我們的推文顯示在與我們聊過天的人的頁面上。互動有主動出擊和被動回應兩種，兩種都很重要。

回應式互動指的是對提及你或回覆你的人做出回應。別人回覆你時，試著以一句評論回應，而不是只按個讚。可能的話問個問題，來延續對話。若要讓對方感覺非常特別，可以去看看他們的個人資料，在你的評論中提到他們分享過的內容，或回應他們的推文。

用這個方法回報提及你或分享你推文的人。光說「謝

謝」太普通,也無法開啟對話,但把注意力轉回他們身上就不同了。畢竟讓別人對你感興趣最好的辦法,就是表現出你對他們的興趣。要超級積極建立關係,可以向關注你的人致謝。

Twitter常被用作客服工具,務必經常查看並快速回覆顧客提問,負面意見尤其不能拖。業者若能快速回應並展現解決問題的誠意,有機會讓抱怨化為推薦。也謝謝那些給予正面評價的顧客;分享他們的推文並用螢幕快照存在你的使用者推薦庫裡。

4. 出擊式的互動是必要的。也就是說,要去回應其他人的貼文。這招在Twitter上非常有效。為什麼?因為這麼一來,你回應的帳號會注意到你,那個帳號的受眾也會注意到你,連演算法都會注意到你。若你能在留言中分享見解或具有價值的評論,等於就地展示了你的品牌。你會發現開始有人會來看你的個人資料、網站或新近的推文,也許還會吸引到新的關注和內容分享。

要收到最大效果,必須持續進行出擊式互動,並策略性地鎖定那些你希望能注意到你的帳號,或你希望能注意到你的人群所關注的帳號。你在查看Twitter的數據分析時,也許會發現有些出擊式互動是你觀看次數最多的推文。

另外，要養成習慣，在分享自己推文的之前和之後，都要對其他帳號的推文進行出擊式互動。這麼做會讓你的內容被看見、被回應和被分享的機會提升到最大。

5. 經常轉推。在Twitter分享他人的推文是很容易的。分享自己認為有價值的推文，這對該文的作者是一種恭維（通常也能開啟對話），也顯示你能傾聽並欣賞其他帳號。在分享他人推文時，請一律使用「引用推文」選項，並加入你分享這則推文的理由。這有助於打造你的品牌，也可能帶動一波討論。

6. 用Twitter搜尋功能交朋友。尋找可以回應的帳號或可以加入的對話。Twitter是很好的研究工具，不但有標準搜尋功能，也就是以關鍵字或主題標籤搜尋帳號或推文的功能，其進階搜尋工具還配備功能強大的過濾器，過濾條件包括最低互動數、完全詞組比對（exact phrase match）及排除的文字等。

你會發現有在用LinkedIn的人往往也用Twitter。如果需要，可以到LinkedIn以事業相關的過濾器搜尋，找出對應的Twitter帳號。

如果能找出幾個與你的事業密切相關的帳號，應該去看看他們跟誰互動、關注哪些人，還有是哪些人關注他們、他

們的關注者又與誰互動等。你會理出頭緒,知道哪些帳號有影響力,他們都推些什麼,及彼此的人脈網路重疊狀況等。這對於發掘行銷中可用的共同議題也是很有價值的研究。

7. 建立Twitter列表。既然已經找到你感興趣的帳號,請將他們加入「列表」(List)。列表是Twitter上另一個看似平凡無奇的功能,它提供除了主要動態之外的另一選擇。點開列表時,只會看到已加入列表的帳號推文,這讓你能聚焦在感興趣的帳號內容,要跟它們互動更加容易。(這也是避開主要動態太多紛雜資訊的好辦法!)

8. 找出報導你的事業相關領域的記者。這是一群你可能會想找出來加到列表裡的人。大家都知道,記者報導時對認識的人會客氣三分。找出專門寫你這行的記者,開始在Twitter上與他們互動,建立關係。經常搜尋主題標籤＃Journorequest,需要寫稿素材的記者發文時常常會用這個主題標籤。免費公關機會,有人想要嗎?

9. 參與Twitter聊天。拓展人脈,在重要相關人當中提高你事業的知名度。這些在每週固定時間進行的談話,會聚焦某個主題(從地區到線上讀書會,到非常特定的利基)。有些聊天室會邀請來賓,主持人通常會問一些預先套好的問題,確保談話順暢進行。參與者在與這場談話有關的推文

中，都會使用特定的主題標籤，這樣大家就能追蹤談話進度。若要參加，只需在指定時間出現，並於Twitter搜尋中鍵入聊天的主題標籤即可。你會看到其他參與談話者所發的推文，以有建設性、支持性的方式回應。最好能固定出現在某個（某些）聊天室裡，這樣大家慢慢就會認識你。

10. 善用熱門話題。即在（某特定地區的）任何時間點，在Twitter上最常被提及的字詞。分享與熱門話題有關的推文，能讓你吸引到很多觀看數及互動。你可以在發現與你相關的話題時趕緊加入，或預先規畫。

像是季節、重要節日和（與你業務相關的）意識日[18]這些，都是可預測並可預做推文規畫的話題。也可以考慮你的受眾可能會收看或參加的電視節目或大型活動。通常這些話題都會有特定的主題標籤，因此別忘了在推文中加上這些標籤，搜尋這個主題的人才能找到你的文。花點心思寫得特別一點，才能從同一個主題的數千則推文中脫穎而出。適當的幽默通常有很好的效果。

---

18 譯註：意識日（awareness days）或甚至意識週、意識月，是企業或慈善機構訂定的日子，在這個日子裡彰顯某些議題（如身體健康、環境保育等）的重要性，促進公眾利益，也是企業行銷的機會。

⑳ 當個數位廣告英雄

> 作者
>
> 朱爾斯・莫里斯（Jules Morris）
>
> 行銷及以人為本的領導力顧問，同時也在諾克斯維爾的田納西大學擔任數位與視覺行銷講師。她的研究及熱忱在引領企業創造力及創新能力。更多資訊請參閱 www.bombdiggity.com。

數位廣告。光聽就有點嚇人，對吧？

拆解來看，**數位**，意思是需要用到某種電腦技術；而**廣告**，是指讓人注意到某產品或服務的手法或做法。昏昏欲睡了？這些定義相當枯燥又過分簡化，但好的數位廣告，正是既枯燥又簡單的。無聊的定義做完之後，真正好玩的才要開始。

你覺得這個講法如何：**數位廣告是一塊複雜又刺激的機會之地，讓你與受眾連結，滿足他們的需要**。比較像回事了吧。你做的不是把冷冰冰又沒人性的廣告推給受眾；你是去

找到他們，並協助滿足他們**真實存在的**需要。這麼說你就是個英雄了！

　　行銷人永遠都在磨練和精進自己的數位廣告技能。在今日的商業現實中，這些努力是必須的，沒有選擇餘地。齊全的數位廣告工具箱裡應該具備各種平台，比如搜尋引擎行銷（SEM）、搜尋引擎優化（SEO）、社群媒體廣告、原生廣告[19]、展示型廣告、網站、Google廣告（包括每次點擊付費〔PPC[20]〕、再行銷[21]和展示）、串流廣告和行動廣告等。連電子郵件、簡訊和數位看板也算在內。這些平台有各自獨特的流程與多元的呈現方法，從看得見的（如展示型廣告、影音廣告和付費社群媒體廣告）到看不見的（如PPC、SEO、SEM）都有。以下十個概括性的重點，能幫助你從混亂中理出頭緒，打造不同凡響的數位廣告：

1. 把受眾放在中心。他們想要、需要、渴望的是什麼？你的產品或服務究竟對他們的生活有什麼幫助？他們為何要與你互動？這個步驟需要一些深刻的自省，而你在數位

---

19 譯註：原生廣告（native ads）是一種以不破壞版面為原則，融入其所處網頁或應用內容中的廣告，意在讓消費者看到廣告時，覺得那是網頁原有的內容，不會覺得自己是在看廣告。

20 譯註：又稱「關鍵字廣告」。

21 譯註：再行銷（retargeting）指針對已瀏覽過網站、點過文章甚至按過讚的人做廣告投放，而非盲目對所有人進行投放。

廣告投入任何資源之前，不該吝於給予這個步驟它應得的時間。提示：你的數位廣告完全不該以**你**為中心。肯定不應該強調「票選最佳」或「排名第一」之類。

2. 廣告的對象是人，不是點擊數。利用（數位和面對面的）工具，了解你的顧客住在哪裡、如何與數位平台及你的產品或服務互動。他們如何在網路上搜尋他們需要的東西？用什麼字搜尋？他們會怎樣描述你的事業或自己與其互動的體驗？他們最喜歡的社群媒體平台是什麼？他們怎麼使用這些平台？他們為何選擇你？他們重視的是什麼？數位廣告最令人讚嘆的，是它在觸及人群時的靈活度和精準度。做數位廣告很容易執著在點擊率、轉換率，但別忘了廣告的對象是人，是**你的**人。在數據分析資料之外，沒有什麼能取代與你的受眾談話，花時間了解他們，了解他們的動機何在、什麼能帶給他們快樂，以及他們的痛點或挫折點在哪裡。

3. 要真誠。你的受眾在進化。你也不能懈怠，不要以為用硬梆梆的公司術語或強力推銷話術就能打發過去。受眾馬上會看穿你毫無誠意（前提是他們有看到你打的廣告）。企業就好像人一樣，因為（讓我賣個關子……）他們就是由人組成的！好好展現你事業的個性、聲音、風格、心情甚至用詞遣字的邏輯，和受眾分享所謂「獨一無二的你」是什麼

意思。考慮用某個真實人物來作為你企業人格的代表——讓你的執行長、或生產線上的某人出場,讓他們來說話。但也要小心,受眾遠遠就能嗅出造假的味道,所以不要隨口說你很在乎環境,除非你在這方面真的有長期深入的耕耘。真實呈現自己和自己的事業,讓大家知道你在乎並致力於哪些事情。

4. 不要惹人厭。你是否有過這種經驗:正在欣賞一支你很想看的影片,但中途卻不停被打斷,被迫看了好幾個30秒的影音廣告,最後好不容易才把本來那支影片看完?你有每天被同一家公司用毫無用處的電子郵件轟炸過嗎?當朋友也要識相一點,要知道何時不該再打擾人家。大家都可以接受在影音串流中放廣告,但別忘了永遠要為受眾著想。可以考慮用短一點的影片、如同送給觀眾一個禮物的感覺,電郵的數量要適當,內容又臭又長或頻繁寄發信件,只會招人反感,讓人留下壞印象。

5. 視覺材料不能省。好的創意太重要了。照片拍得不好就別用。沒說服力的設計,算了吧。模糊的影片或圖片也不行,那是浪費錢。花時間創作賞心悅目、引人共鳴的視覺材料。大腦處理的訊息中,九成是視覺訊息。我們聽見「馬」這個字時腦中浮現的不是那個字,而是馬的樣子——

人腦的構造就是如此。我們看到視覺材料時，會在腦海中編織故事。有許多功能強大的軟體工具和應用程式，可以讓任何沒有美術背景的人不用花太多時間，就創作出很不錯的設計，但學習使用這些工具還是得花下時間和精神。這一步馬虎不得──差勁的設計很難讓人留下印象。

6. 內容依舊是王道。你的內容應該讓受眾感覺自己備受禮遇。網站上有好內容，有助優化搜尋引擎排名。廣告影音或文案有好內容，能激起受眾心底的共鳴。最優秀的內容會說故事，即使只是匆匆一瞥。評估內容時有個檢測方法很管用，就是問自己：這份內容聰明嗎？溫柔嗎？有趣嗎？能增長見聞嗎？如果給不出肯定答案，就該重新考慮要不要用它。最棒的廣告感覺上一點也不像廣告，反而讓受眾感到有趣又實用。

7. 留意觀察。數位廣告能加深你對顧客的了解，而這是一切的基礎！你若關注並追蹤自己投下的數位廣告，就能得到寶貴資訊，你會知道受眾喜歡什麼、不喜歡什麼，對什麼有感、對什麼無感，還有他們最開始是怎麼找到你的。你知道競爭對手用什麼關鍵字廣告嗎？你覺得顧客是以什麼字詞搜尋，在網路上找到你的產品或服務？有太多企業在Google廣告設定了最初的關鍵字之後，就沒有再回去檢視

過。付費搜尋讓你得以依據顧客如何搜尋到你，以及他們使用的關鍵字來鎖定顧客，但前提是你必須用心留意並持續調整優化。注意檢視廣告成效，才能依據受眾需求調整發送的訊息，進而達到事業成功。

8. 層次要多一些，老兄。就像冬天最理想的穿衣法一樣，好的數位廣告可能包含許多層次（平台）。這倒不是說每到一個平台，你就要重新向受眾介紹一次你的品牌，而是你應該考慮把你的視覺和訊息元素用在各個不同平台上。理想上，你的受眾會在好幾個不同地方和你的廣告互動，然後記住你。但要是每到一個新通路，見到的都是完全不同的東西，他們是不可能記住的。拚命揮灑創意，在不同平台投放完全迥異、互不相干的廣告，這跟打造風格一致的品牌完全背道而馳，吃力又不討好。在品牌打造中，重複是關鍵。你應該反覆使用相同的元素、訊息和顏色。舉例來說，一段影音中的定格鏡頭，可以用在各種影音及靜態廣告選項；大量的靜態影像，則可加上音樂和訊息，製作成Instagram的限時動態和連續短片；影音串流可以在各個社群媒體平台上重複使用。你可以對內容進行調整再利用，但務必貫徹你要傳達的核心訊息和視覺效果。

9. 靜態的展示型廣告很蠢。拜託不要用。它們已經退

流行，根本浪費你的廣告預算。在網站上，你爭取消費者注意力的時間只有不到一秒。靜態的展示型廣告通常會被顧客直接忽略，因為我們的腦子就是看不到它們。它們有如前面那個你從來不進去的房間，在桌上日積月累的灰塵──沒人會看一眼，也沒人在乎。要達到好一點的轉換率，請考慮用「富媒體」（rich media，比如五彩紙花效果或好玩的動畫），用有明快故事線的影音或動態廣告，這些都可以依據位置或行為進行優化調整，即時發送切中要害的訊息。

10. 別忽略基本功。務必到Google商家（Google Business）註冊，盡量把內容個人化，網站也要經常進行內容的優化和調整；用不同版本測試所有的廣告，看看什麼效果好（小小更動也可能產生巨大影響），評估你的廣告成效。這些都是基本中的基本，很值得再好好提醒一次。

Marketing Standards

Part 4

行銷標準

㉑ 以郵件行銷
打造你的事業

> 作者
>
> 傑夫・塔倫（Jeff Tarran）
>
> Gunderson Direct郵件行銷公司營運長，該公司是全美規模最大的郵件行銷公司之一。25年來，他協助各種規模的企業——從新創公司到《財星》500大企業——開創並擴展成功的郵件行銷系統。更多關於該公司及如何成功郵寄的資訊，請參閱GundersonDirect.com。

　　各產業都有許多企業，以郵件行銷（direct mail）這個可靠的管道，成功開發商機，取得新顧客。美國郵政署報告指出[1]郵件量每年大約成長3％，且根據某產業報告[2]，郵件行銷的投資報酬率為112％，高居該研究調查的所有行銷通路之首。

　　顯然，郵件行銷是管用的。在幾乎所有行銷都發生在螢幕上的這個時代，直接郵件是唯一以實體為本質、又容易賦

予個性的行銷手段。比起數位行銷，實體郵件更能吸引注意力，能激發更深度的參與，同時也是所有行銷通路中最受信任的。消費者都知道，政府機關和大型機構有重要的保健和金融資訊要通知時，用的都是郵件。與電子郵件及其他線上通路不同的是，實體郵件很少有消費者詐騙案件。

直接郵件很難忽略。美國家戶平均每天收到八封郵件，每封都需要處理。相較起來，每天上千則的數位訊息則可以直接忽略。以下要點有助於郵件行銷的成功：

1. 把目標市場選擇作為第一要務。郵件行銷的成功與否，通常取決於是否能取得正確的郵寄名單。精美印刷搭配深具說服力的文案再加上超優惠促銷方案，若把這些寄到某個對你的產品完全沒興趣的人手裡，一樣難逃被丟進垃圾桶的命運。郵件行銷的資料極可能附加數以千計的屬性，而名單供應商所專精的資料類型甚至產業別也各不相同。找有信譽的資料來源購買名單會比較有保障。

2. 要知道將來如何評估成效。郵件行銷可滿足許多商

---

1 作註：Placek, Martin. "United States Postal Service's advertising mail volume from 2004 to 2021." Statista, April 12, 2022. https://www.statista.com/statistics/320243/advertising mail-volume-of-the-usps/.

2 作註：ANA. "ANA Response Rate Report, 2021." ANA, January 10, 2022. https://www.ana.net/miccontent/show/id/rr 2022-01-ana-response-rate-report-2021.

業需求，例如潛在顧客開發、交叉銷售，及贏回已流失的顧客等。在寄發郵件**之前**，先決定你的成效評估指標。如果銷售流程可分為多個步驟，你會需要定義並追蹤從回應到**轉換**之間每個階段的回應品質。獨一無二的網址和電話號碼，是蒐集並追蹤回應的典型途徑。把顧客檔案回頭與你的郵寄檔案**比對**，就能掌握某個活動期間新增的顧客，這個辦法超簡單但很管用。即使你只拿到顧客的電郵地址，也有資源能從電郵地址連結到住家地址，所以新取得的檔案也可用於往回比對。

3. 對網站訪客快速祭出郵件攻勢再行銷。新的精準行銷科技能捕捉網站訪客的IP資料，並附加實體郵寄地址。使用隨需即印（print-on-demand）解決方案，讓網站訪客在到訪你的網站之後幾天內就收到你的特惠方案郵件。

4. 郵件中一定要包含特惠方案。潛在顧客得從你的郵件移步到其他通路（如網站、電話或實體門市），才能走完銷售流程，所以你提出的方案必須夠有說服力，才能推動他們採取行動。提出一個郵件專屬方案，這也有助於追蹤郵件行銷的成效。方案內容和行動呼籲務求簡單明瞭。不知所云或雜亂繁複的方案一定會降低回應率。

5. 設定方案截止日期來驅動回應。特惠方案的核心精

神就是激發人怕錯過好康的心態，在郵寄日之後定一個合理期間（我建議30到60天）的截止日，能夠營造一種急迫感。在方案的行動呼籲中，使用像是「限時」或「馬上行動」等字眼。就算這其實是個長期方案，急迫感的營造還是必要的，一定要加上「請在此日期前回覆」、「方案截止日」等提示，並定下一個日期。

6. 多次聚焦特惠方案。 在郵件中反覆提出特惠方案及行動呼籲。明信片或郵簡的正反兩面都要有，在整份郵件中至少要出現三次，可以加一個P.S.來強調。眼動追蹤的研究顯示，人在掃視信件時是從左上角掃至右下角。請把明確的行動呼籲放在信件的右下部分，讓你的訊息有個強有力的收尾。

7. 讓信件被展讀是你的主要目標。 要致力讓你的潛在顧客打開郵件並開始閱讀。有人會在明信片上嚷著大減價，或在信封放上一段吊人胃口的文案。但有時「少即是多」。信封上除了寄件人和收件人地址之外什麼都沒有的「神祕」郵件，完勝在信封上敲鑼打鼓吶喊「內有超優惠方案！」的實例比比皆是。在郵件中附上網址，詳細資訊說明的重責大任，就交給網頁來辦吧。

8. 保持內文簡單明瞭。 潛在顧客在一念之間決定要讀

讀你的郵件了，請在情感上和產品資訊上提供清晰的好處來回報他們。郵件內容要力求簡單易懂。在郵件行銷中不要賣弄聰明，那通常都沒什麼效果。可以放上產品特寫、生活風格攝影或真實的顧客見證，讓郵件更具可讀性。若希望提升網路流量，可以放上螢幕截圖，讓對方預覽線上體驗。

美國郵政署對於一般郵件內容給予相當大的自由度，但他們對自動郵寄的信件就有很多規矩，目的是要收取最好的郵資。經驗豐富的印刷夥伴能確保你的創意能有效率地被製作和郵寄。

9. 別忘了郵件格式會影響顧客回應。最常見的郵件行銷格式為明信片、郵簡和用信封裝的小包裹。每種格式又有多種不同形式和尺寸。明信片可能適合簡短的訊息和特惠方案。信封小包成本較高，但在需要較為正式、高檔的呈現，或需要較多資訊才能激發回應時，信封小包能大為提高回應率。同樣的訊息採取不同郵件格式，往往效果也大異其趣。郵件行銷是老把戲，但藉著把同樣訊息轉譯為不同格式，我們也能玩出新花樣。

10. 測試再測試。不斷對方案、名單、訊息、格式，還有（特別是）你的假設進行測試，直到找出一套可靠且可重複的郵件管理方法。之後依然要繼續測試這套方法，因為你

的郵寄系統幾乎每個環節最後都會疲乏，都會需要更新。一開始先做簡單測試就好。一般先做單變數測試，直到你累積了足夠的數量和經驗，能夠建立並判讀更高階的測試。

　　我見證過我的數百位客戶，藉由郵件行銷取得豐厚的利潤。希望以上要點能幫助你在郵件行銷上有個好的開始，或取得更大的成功。祝寄件愉快！

㉒ 厲害的電子郵件行銷

> **作者**
>
> 羅比・菲茲瓦特（Robbie Fitzwater）
>
> 任教於克萊門森大學，創辦MKTG Rhythm，協助電商企業解鎖隱藏的收益潛力。更多資訊請參閱 mktgrhythm.com。

1971年，美國程式設計師湯姆林森（Ray Tomlinson）寄出了第一封電子郵件，那是麻省理工學院美國高等研究計畫署網路（ARPANET）研究案的一部分。七年後，行銷人員圖爾克（Gary Thuerk）發出第一封促銷電郵。他以400位潛在顧客為對象，介紹一款新機型電腦，這封電郵創造了1300萬美元以上的銷售額……還有許多抱怨！在這封原創促銷訊息之後有兩樣東西誕生了：電子郵件行銷和垃圾信。

神奇的是，40多年過去，企業依然還沒搞懂電郵行銷該怎麼做。就像高中生喝酒，每個人都在做，但沒幾個人真的知道自己在做什麼。

只要行銷人願意投入時間和心力，電郵在成本、穩定度和效度上提供的機會，也會相應增加。不管在企業對企業（B2B）或企業對個人（B2C）市場，電郵行銷的投資報酬率經常高居各種行銷通路之冠，每投入一美元能得到36美元的報酬。而作為留住顧客、提升顧客終身價值的工具，電子郵件更是沒有敵手。

儘管如此，對很多行銷人而言，電郵行銷就像高中時爸媽會要你交往的那個對象，穩定、可靠又聰明，將來搞不好會變成醫生、工程師或教授，但就是不夠「帥」，不像「請填入某個金光閃閃的新行銷通路」那樣令人興奮。沒騎重機，也沒穿皮夾克的電郵，因此沒有得到應得的重視。

以下10點為利用電郵行銷拓展業務的指南，也說明為何電郵在行銷中應該得到更多的注意：

1. 電郵沒死，糟糕的是它就跟死了差不多。電郵行銷是行銷通路的蟑螂——打不死！行銷是一場永無休止的戰役，持續爭奪並吸引顧客的注意。在今日這個世人總是被四面八方襲來的行銷訊息淹沒的世界，要做到這點談何容易。美國全職白領員工平均每人每天收到超過120封電郵。這些郵件大多被刪除、歸檔，或就那樣留在你大學時期的舊信箱裡。但就跟沒食物還可以活上個把月，沒有頭還能活一星

期、幾乎無法消滅的蟑螂一樣,電郵也有強韌的生命力。但既然電郵能夠長驅直入進到某人的個人空間,我們何不用它來傳遞一些對方**重視**的事物?

除了蟑螂,或許電郵也可以是室內盆栽,或至少是個好用的廚房器具。若你的電郵能提供某人足夠的價值,也許對方甚至願意付費收信。這一點,從近來訂閱模式電子報的成長就能得到印證。能夠成功經營電郵的企業必定很了解自己的受眾,而且他們把建立關係的重要性,擺在產品銷售之上。

2. 經營電郵是在自有土地上蓋房。你投資建立郵寄清單時,是在投資一個為你所擁有的行銷資源。你不用在社群媒體平台仰人鼻息,讓對方決定誰可以看到你的內容。對行銷人來說,這個地基比較穩固,在這裡投資和建立顧客關係都更穩當,因為電郵不會面臨一個演算法更新顧客關係就全面蒸發,或受眾開始大規模離開某個平台的風險。電郵也提供你一個可以蒐集受眾第一方數據[3]的平台,你可以用這些數據來打造更為個人化也更有意義的體驗。

3. 像農人栽培作物那樣,栽培你的郵寄清單。農人播下種子後,不會期望一個晚上過去作物就能成熟收割。他要悉心照料,給作物時間成長,過程中不時查看,確定作物的

需要都被滿足。農人耕耘並照料自己的土地；行銷人也必須秉持同樣的態度，電郵受眾才能成長茁壯。用註冊表單和網站上的彈出視窗來擴增郵寄清單。一段時間後，用好表現去爭取更詳細的資料，為受眾提供更好的服務。你的訊息愈契合受眾需求，就愈有效。而就像農人剪除殘枝敗葉，不合適的電郵地址也應該從郵寄清單中剔除。感覺上好像沒必要，但這些一直沒反應的信箱，可能會傷及你的到達率[4]。

4. 不要只想著攻城掠地。提到電郵行銷，大部分人想到的是用電郵「轟炸」他們郵寄清單上的信箱[5]。但不管用的是什麼東西，「轟炸」別人通常不是好主意。打造電郵行銷計畫時，可以聚焦三個區塊：

・受眾的建立：建立電郵郵寄清單並蒐集其他資料，目的是做受眾區隔，提供更好的服務。

・行銷電郵：以特定的規律寄發電郵給受眾，以與他們保持聯繫，包括標準的促銷電郵、電子報、內容分發以及重要公告等。

---

3 譯註：第一方數據（first-party data）是指企業能自己蒐集、自己擁有、自己使用的數據，過程中沒有第二方或第三方機構的參與。

4 譯註：到達率（deliverability），又譯可遞送性，是指電郵沒被分到垃圾郵件或（被郵件伺服器拒絕而）彈回，順利抵達收件者收件匣的能力。

5 譯註：行銷上的email blast或e-blast指在沒有策略性、沒有市場區隔的狀況下，亂槍打鳥式把單一郵件發至大量電郵信箱，通常意味有很高機會成為垃圾郵件。

・自動化（觸發式電郵）：這類電郵的寄出，是由顧客的某種行為或缺乏某種行為而觸發。比如你放了幾樣東西進購物車後，沒有購買就離開，之後便收到「別忘了您的購物車」的電郵提醒。又例如你購買軟體後，便收到有詳細使用步驟、幫助你快速上手的教學電郵。

受眾的建立能拓展你的受眾規模，行銷電郵能長期維繫顧客參與，而自動化電郵能促使你希望見到的行為發生。這些區塊彼此互補，提升電郵行銷系統的整體表現。

5. 以你希望呈現的結果做設計。電郵設計通常有兩種格式：純文字與HTML（超文本標記語言）。我們發電郵給朋友或同事時，通常用純文字格式。而你從品牌收到的電郵則通常是HTML格式，這種格式的功能性及視覺吸引力更強。由於會用手機看電郵的使用者高達六成，電郵在行動裝置上務必具有良好的功能性。不過也別低估純文字在建立個人連結上的效果。打開一封只有單純文字的電郵，感覺可能就像收到朋友來信一樣親切。

6. 讓內容與受眾所在的情境相連結。優秀的電郵行銷要以同理心出發，在對的時間點，把對的訊息與對的人連結起來。要做到這點，必須了解你的受眾，了解他們與你的事業互動過程的每個階段會需要什麼。舉例來說，假設我經營

一個童裝品牌，我的客群可能是父母、祖父母，和送禮者的組合。因為立場不同，這三群人所需要的訊息內容和收信頻率很可能完全不同。若能依據他們的需要客製訊息，將使你們的互動更到位也更有意義。善用你的顧客資料，讓彼此的互動更適切更有人情味。

7. 利用自動化，促成你想要的行為。電郵自動化系統是行銷人最好的朋友。把這想成一個每週工作七天、每天工作24小時，全年無休替你賣命的銷售團隊。運用第2和第5點製作一張清單，列出你最希望受眾在顧客旅程中採取的行動（如下單、回到購物車、預約產品示範等），依重要性和獲利能力排序，然後再回推你應該發送什麼樣的訊息，才能引導他們走上你預設的路徑。給予顧客他們需要的，讓他們信心滿滿地踏出每一步，最終到達目的。

8. 愛物惜福，物盡其用。不要浪費你創作出來的任何內容。其他通路（如部落格、podcast或影音）的內容，只要符合受眾情況需要，都可以拿來再利用，合適的話也可用在顧客旅程中的自動化電郵。你創作的內容藉著電子郵件能帶來更多價值，也讓你在不同行銷通路間有更佳的協調性。

9. 測試再測試。最成功的電郵行銷者，都把這個管道當作進行實驗的數位培養皿。對訊息、內容和發送時間進行

測試，找出引導受眾行動最有效的元素。然後除了開信率和點擊率之外，要去了解你發的電郵實際成效如何，例如電郵推動的收益或經電郵完成的表單數等。做電郵行銷，就要不斷測試！

10. 比規模，也許你永遠比不過業界龍頭，但你可以比他們更人性。電郵系統的好處就是能夠大規模地建立關係，確立你在顧客心目中的專家地位。用人性與同理對待顧客，就能無往不利！

㉓ 搜尋引擎優化的魔力

> 作者
>
> **賴瑞・亞倫森（Larry Aronson）**
>
> 目前定居曼哈頓中城，擔任系統分析師與科技顧問。他的著作《HTML風格手冊》（*HTML Manual of Style*）是網路開發（Web development）第一本著作，他也是線上教育與社群發展的先驅。更多資訊請見LarryAronson.com。

搜尋引擎優化（SEO）要做得好，就得掌握你的受眾、他們使用的搜尋引擎，以及你的事業這三者的交集。你的受眾包括潛在顧客和顧客，網紅、事業夥伴，還有你服務的社群。

大部分搜尋都是透過Google搜尋引擎，若不是直接在Google網站上，就是經由瀏覽器的網址列或其他內建Google搜尋的網站。人們也會用YouTube、Amazon、Bing及社群媒體平台搜尋。其他還有像是Yelp、TripAdvisor等排名與評價網站，或維基百科

（Wikipedia）、網路電影資料庫（IMDb），或像eBay等拍賣網站。

搜尋是網路的動力。

你的事業主要由你的網站代表，但也體現在你的電子報，還有你在社群媒體上的貼文、影音、網路研討會和podcast發布的內容。在各個平台間傳達一致的訊息，為你的品牌建立獨特的專業形象，是SEO重要的一環。

成功的SEO策略讓人能找到你，從你這裡得到他們心中問題的解答，並成為你的潛在顧客。**所以首要目標是知道這些問題是什麼，然後圍繞著問題的答案優化你的內容。**

假以時日，關於你公司的描述和連結，會在你受眾關切的核心主題搜尋結果頁（SERP）上節節高升，進而推升網站流量、打響品牌知名度。以下10個訣竅，有助於SEO的成功：

1. 研究受眾的搜尋意圖，掌握他們可能位於購買流程的哪個階段。他們只是在瀏覽某個產品類型、找特定產品或品牌，或是想要你的連絡資訊準備要下單了？分析工具能顯示誰造訪你的網站、他們來自哪裡，以及他們在找什麼。更深入去看他們的搜尋背景：使用什麼裝置、位置在哪，還有（如果能取得的話）使用者輪廓及交易紀錄。運用這些情

報，針對他們的需求製作內容。

2. 成為你領域的權威，在業界打響名號。在你領域的熱門主題上持續發表高品質的內容，展現你的專業。當其他所有人發文都要引用你的文章時，你的權威就建立了。起步時，可以先在其他高排名網站發表客座文章，並用社群媒體建立品牌知名度及取得反向連結。

3. 要在搜尋引擎和其他可提供反向連結的相關服務註冊你的公司及網站。在網頁描述放入你公司的關鍵字，並提供企業位置，這樣才會在地圖搜尋中出現。若預算有限，就把資源集中投在Google，畢竟九成以上搜尋是都經由他家平台，同時務必確認你的商家檔案有列在Google 地圖。不過，即使在Google搜尋結果頁有很好的位置，也不一定能大幅提升你的網站流量。使用者可能被導向對你公司的評價（希望是好評）。此外，Google會快取[6]許多網站的關鍵字相關內容，並在搜尋結果頁使用這些數據。對使用者而言，搜尋達到了目的，但你的網站不會記錄到該次點擊。

4. 除了商標和產品名稱之外，選定描述你公司和事業類別的描述性關鍵字與關鍵短語。把這些放在所有地方：你

---

6 譯註：快取（cache）是一個優化網站速度的計算機記憶體技術，透過暫存器緩存用戶最近使用的數據，下次瀏覽相同頁面時，就能提高載入速度，讓訪客更快速地訪問同一個網站。

的網站名稱、網頁標題、網址和起始內容等。混搭單一關鍵字和由多個字組成的關鍵短語。只由一兩個字組成的短語，除非真的獨一無二，否則在爭奪搜尋結果頁的前面位置時會面臨激烈競爭，造成轉換率低下。長一點的短語，即所謂「**長尾關鍵字**」（long tail keyword），在搜尋結果頁表現較佳，但用這個搜尋的人比較少。把關鍵字使用延伸到社群媒體活動，適當情形下以主題標籤使用。搜尋引擎也會掃描這些平台，所以務必在你的社群媒體檔案及貼文中充分表明你的企業資訊。

　　5. 加速你的網站。快速載入的網站等於在告訴搜尋引擎你的作業很嚴謹，不是玩票性質。你的技術支援人員務必更新軟體，確保網站安全。使網站快速加載有兩個重要步驟：第一是減少不必要的檔案載入；其次，如果你有用WordPress等內容管理系統（CMS），快取你的靜態網頁，這樣這些頁面就不用每次重新載入。優化網站時，別忘了圖片等其他媒體資產。壓縮這些內容檔案，並在說明文字、圖片替代文字[7]、毗鄰文字中加入敘述性資訊。視障人士用螢幕瀏覽器訪問你的網站時，是否能了解圖片的含義？若否，搜尋引擎也一樣做不到。

　　6. 要友善且值得信任。友善指的是開誠布公的態度，

說明你是誰，以及你為什麼是幫訪客、讀者與追蹤者解決問題的最佳人選。讓別人很容易就能找到你的聯絡及關鍵資訊。制定隱私政策與簡明易懂的服務條款。在社群媒體上要呈現一致的品牌形象，定期到這些社群發文。可信度來自其他受信賴網站對你的產品與服務的正面評價，包括Google在內的搜尋引擎的排序演算法都納入了這些因素。此外，把你最佳顧客的推薦內容放在合適的網頁及其他通路中。

7. 做到行動裝置友善（mobile-friendly）。你的網站和電子報在行動裝置上的功能，應該和在電腦上一樣好。即使你主要透過網站或手機應用程式與受眾互動，也別忽略在手機和平板電腦瀏覽器上的呈現，因為有些使用者只是在搜尋基本資訊，例如怎麼聯絡你。

8. 傾聽你的受眾。現代人需要資訊時，經常立即、就地對他們的裝置講話。相對於文字搜尋，這些智慧數位助理提供了人們額外搜尋管道，也創造了取得（關於使用者意圖）更多資料的潛力。研究顯示，人在對裝置講話時會以不同方式建構他們的搜尋，相較於鍵盤輸入會問更完整的問

---

7 譯註：圖片替代文字（alternate description）的主要目的是讓無法看到圖片的訪問者，藉由描述文字來理解圖片內容，這包括無法看到圖片的螢幕閱讀器和瀏覽器，也包括視力受損或無法直接識別圖片的用戶。

題。隨著技術發展朝著元宇宙和物聯網邁進，人們在尋索資訊時會更少打字，而說得更多。

9. 善用基本的SEO工具，特別是Google分析（Google Analytics，GA）和Google網站管理員（Google Search Console），以掌握什麼管用、什麼不管用。其他有第三方分析及優化服務，如MarketMuse、Ahrefs、Semrush、SparkToro，以及內容創作工具如Jasper、StoryChief和Rytr，這些工具用人工智慧生成搜尋引擎友善的優化內容。要把內容用至不同行銷通路時，這些工具是幫你探索新方法的好幫手。

10. 持續在網站上發布新內容。這是你專業和權威的象徵。就像零售門市需要經常更換展示商品，一個從來沒有新鮮貨的網站是行不通的。你有發行電子報嗎？在網站上做電子報建檔，這樣很容易就能擴充你的網站內容，也是提供給搜尋引擎關於你和你事業的絕佳資訊。

24 與恐龍共舞：報紙、廣告看板和廣播節目

> 作者
>
> **羅布・勒拉丘（Rob LeLacheur）**
>
> 加拿大亞伯達省愛德蒙頓市「55號公路」公司（Road 55）的所有者。他的媒體生涯從報業開始，但他於 2017 年離開報社，創辦了「55號公路」。這家公司運用數位、社群及傳統媒體，創作打動人心的內容。更多資訊請參閱 www.Road55.ca。

你可能以為，在巨大的數位小行星擊中地球之後，俗稱「傳統」媒體的恐龍已經滅絕了。事實上也差不多：不過那更像一陣無情的流星雨，狠狠打在原本所向無敵的媒體巨人身上。很痛，但他們還留著一口氣。

在當今的數位世界，報紙、廣播和廣告看板也許不是兵家必爭之地，但只要運用得宜，這些通路也能創造很多價值。出色的行銷就是不落俗套。大家都往東，你就往西。請用全新的視角看待傳統行銷管道！以下為善用傳統媒體的

10大要訣：

1. 利用套裝方案。為了順應現實，所有傳統媒體公司如今都採取數位優先的策略，大家都賣數位廣告套裝方案。好消息是？你可以善用他們的策略，從他們那裡購買部分的數位廣告。把錢掏出來，跟他們說你要買數位廣告。然後再跟他們要一些好康！

簽約前，先開口要他們送一些傳統媒體資源。由於傳統廣告通路大多還有很多剩餘資源，若你能幫他們達到數位廣告業績目標，對方多半很樂意給你一些「加值」、「紅利」。雖然傳統媒體銷量不如以往，但因為你應該能以頗為公道的價格向他們買到數位商品，這筆交易算是物超所值。

2. 找找買一送一的機會。廣播節目稍後以podcast版本推出的做法不算罕見，尤其在運動明星頗為普遍。許多當地聽眾很喜歡他們的內容，但不太喜歡要在固定時間收聽廣播。那就聽podcast吧。

在下訂podcast贊助前，別忘了向業務員索討在廣播頻道上推銷podcast節目的單獨廣告。善用廣播和podcast資源。

3. 尊重顧客旅程。舊時的廣告總假定顧客不會從其他地方獲得資訊，所以拚命在非常有限的空間盡可能塞進資

訊。「關於敝公司的所有資訊都在這裡。我們必須告訴您我們的地址、電話,要用上大字型、小字型,還要用這個用那個。」

事實上,你用不著把平面廣告的每個空隙或廣播時間的每分每秒,都填滿關於你公司的細節。不要浪費你的空間和時間,因為你的受眾也不會浪費時間和力氣去消化那些資訊。對他們送出強勁而精準的創意,讓他們想要開始──或繼續──與你的顧客旅程。用吊人胃口的問題或發人深省的思考,點燃他們想進一步了解你企業的渴望,然後給出你的網站或社群媒體通路。你可以利用傳統媒體,把他們引導至起跑線。

4. 在傳統媒材上加入一點數位氣息。說到顧客旅程,不免要提到QR code(快速回應碼,又稱QR碼)。QR code在疫情期間浴火重生了,可不是?既然顧客們都很習慣掃QR code,你就有機會在平面廣告上來個無縫接軌,讓他們順利連結到更多資訊、比賽和回饋方案。但可別千篇一律、了無新意地說什麼「更多資訊請參閱⋯⋯」,這樣會糟蹋了大好機會,請發揮創意,有趣一點。

假設你開的是甜甜圈店好了。那就在印刷或看板廣告印上一個大大的甜甜圈,附上一個「老媽最討厭哪三種甜甜

圈？」之類的問題。廣告上的QR code能導向特寫你店裡三種最黏手甜甜圈的「著陸頁」（landing page），既好玩又令人食指大動。

5. 避免阻力。如果你把顧客從傳統廣告送入數位世界，要特別注意他們的著陸頁體驗。好不容易創作了引人入勝的廣告，顧客把荷包都準備好了，千萬別將他們導向不知所云的企業網站首頁，讓之前的心血白白浪費。

「但我想讓他們看看我們的全品項產品！」你可能會這麼說，為自己讓顧客著陸在包山包海的首頁辯護，但把抵達首頁後的下一步交在他們手上，其實是一著險棋。不要以為他們一定知道接下來何去何從。這是種阻力，應該盡量避免。你已經贏得他們的注意力、讓他們動起來了，不要再用不相干的訊息來攪渾了水。顧客買不買帳，有很多因素是你無法控制的，但你至少能做到讓顧客旅程的其餘部分，完美契合當初把他們吸引進來的那則廣告。

6. 傳統媒體成效可以用數位工具來評量。與數位媒體比起來，要追蹤傳統媒體的績效困難得多，因此務必給予廣告上那個QR code它應得的肯定。也許你在包括傳統與數位的各種媒體平台不同的活動上都使用同一個連結，這樣事後在檢視GA時，可能就無法看出每個特定著陸頁流量的

真正來源。其實針對不同媒體和不同活動,可以建立客製的可追蹤網址,這樣更能區分不同的流量來源。只要搜尋「Campaign URL Builder」,就能找到免費或價格實惠的工具。

7. 利用在地廣播節目。 在廣播上買時段時,要確定那是當地電台。找在地製作的廣播節目,不要選擇在某個遙遠大城市製播的節目。如果不太確定,就開口問。

買電台廣告時,看看能否爭取廣播頻道以外的曝光機會。很多電台主持人在社群媒體上都很活躍。在我居住的地方,某個在地電台DJ的社群媒體貼文就經常被瘋傳(當然她在電台上也作宣傳)。有一次她發起活動,為表揚加拿大亞伯達省愛德蒙頓市土生土長的演員奈森・菲利安(Nathan Fillion),建立「奈森・菲利安市民場館」。這個主意大受歡迎,該市甚至在某個週末期間把市政府改用場館的名字,大家玩得很開心。想想看怎麼談,能借助電台的影響力幫自己一把。

8. 爭取傳統媒體推廣部門的預算。 廣播電台和報社幾乎都有推廣部門,負責想方設法擴大閱聽人數規模。這些部門裡很多都有共同推廣預算。想想看你的廣告是否有可能爭取到這些部門的推廣預算。

9. 別小看全版廣告。當公司、團體要點名某政客出來說清楚講明白，或有嚴肅重大議題要宣布時，他們會怎麼做？答案是：會在報上刊登全版廣告。

雖然大部分企業已經棄這個老派媒體而去，報紙的全版廣告仍然能引起足夠的注意力，能被其他媒體發現並在社群媒體傳開。怎麼好像大家都在聊這個？感覺似乎很特別。看起來是大手筆，大動作。大家會覺得這個訊息應該值得注意。這是給你的社群的一封全版信。如果你打開荷包買下全版廣告，在這封公開信裡你要說什麼？

10. 出眾。最後，再提一些關於這三種媒體創意方向的想法：

・先談廣告看板。在廣告中呈現一個影像、一個企業標誌，加上簡潔扼要的三個詞就好。不要以為大家會在上面找你的電話、住址或其他資訊。給他們一個乾淨俐落的訊息。若是數位廣告看板，可以考慮用程式設定呈現一個以上的廣告集。可以往搭配節日、每天的晨昏、天氣等方向去發揮創意。

・在報紙上登廣告，就別老是死死板板、四四方方了。報紙上99.8％的廣告（和編輯排版）都是方形或矩形。用圓形如何？來點變化，然後別忘了放上可追蹤來源的QR code。

・製作廣播廣告時,心中要有顧客旅程,告訴聽眾下一步怎麼走。要他們去Google一個你確定會搜尋到你的東西。用獨一無二的方式定位你的企業,使用正確的訊息,你就會爬升到Google搜尋結果的前面位置。

在傳統媒體上應用創意,可能讓在地企業一炮而紅。希望這些想法會有幫助。

㉕ 促銷產品
如何小兵立大功

> **作者**
>
> **珊迪・羅德里奎（Sandee Rodriguez）**
>
> 促銷行銷顧問，也是 D and S Designs 老闆。她同時是 Sandee Solves 創辦人兼企業顧問，以及成功女性創辦人組成的執行長理事會（CEO Councils）理事長。更多資訊請參閱 www.DandSdesigns.com 和 www.SandeeSolves.com。

廣告商品。贈品。紀念品。這些是同一樣東西的不同稱呼，但不管叫什麼名字，促銷產品（promotional product）是最為有效的行銷手段這點，已經通過時間的考驗。國際促銷產品協會（PPAI）的產業研究顯示：

‧94％的消費者喜歡收到促銷產品。

‧83％認為促銷產品讓體驗更愉快。

‧令人驚訝的是高達88％受訪者表示他們會使用品牌商品，來表達自己對某個企業或善因（causes）的支持。

・收到沒聽過品牌的促銷產品後，44％的人會去搜尋該品牌的資訊，且經常之後會回購。

但促銷產品只有在以正確方式設計及使用的狀況下，才能發揮功用。所以如何確定錢花下去能得到想要的結果呢？請參考以下10點，提高促銷產品行銷成功的機會：

1. 目的。你為什麼要發送這些促銷產品？是為了提高品牌知名度，或強化品牌忠誠度嗎？是希望吸引人潮到你的商展攤位？你要讓團隊成員穿戴容易識別的品牌配件，讓顧客一眼就能認出你的公司嗎？這件產品背後是否有什麼故事？人都愛聽故事！在你花錢製作任何有公司標誌的產品之前，先問自己這些問題。

2. 受眾。誰會收到你的促銷產品？是潛在顧客？或者這是公司給頂尖客戶的禮品？也許你想給表現優良的員工作為表揚禮物，或給新進職員公司小禮包。或是你可能決定發送T恤來提升品牌知名度，並向募款計畫的贊助者致謝。釐清收到促銷產品的對象是誰，有助你做出更明智的選擇，讓產品發揮最大效益。

3. 時間軸。如果是製作筆之類的普通促銷品，通常短時間（例如數週）內可以完成。但如果要製作比較別出心裁、希望能發揮更大效果的產品，花費時間可能要六個月甚

至更久。促銷品產業也有淡旺季，比如重要節日前後的生產時間可能會是平時的二到三倍。選擇符合你時程規畫的促銷產品，若需要較長時間製作，提前準備就是關鍵了。

4. 地點。你的顧客人在哪裡時會最需要你的產品和服務？假設你經營的是披薩餐廳。磁鐵很適合作為披薩餐廳的促銷品，因為人肚子餓時會去開冰箱找東西吃，這時看到披薩磁鐵順理成章就決定叫披薩了。同樣的，修車廠的促銷品最好是可以留在車子裡的，比如鑰匙圈、車用充電器、車用杯墊等。這些東西讓他們的顧客在需要的時候，第一個就想到他們。

5. 預算。很多人都從這點開始考慮，但要記得，對你的目標市場來說，也許每個價格點都能找到理想的促銷品。不要因為預算少，阻撓了你把品牌放進潛在顧客手中的機會。諮詢優秀的促銷產品專家，尋找不花太多預算的好點子。這些專家對業界的新產品和供應商都很熟悉。

不過，上文提到的國際促銷產品協會消費者研究也指出，有58％的受訪者會把收到的促銷品品質與該公司或品牌的聲譽畫上等號。太過廉價的促銷產品可能會傷害你的聲譽。

6. 發送。你要在何時、何地，用什麼方式送出這些促

銷產品？是當作顧客在門市購物時的贈品，或是連同線上購物的訂單一起寄出？還是在活動上由志工發送？假如要送T恤，尺寸問題要先解決，可以在報名活動時讓大家登記，現場再按各人選擇的尺寸配發，這會需要多點人手。你會需要帶著這些促銷品旅行嗎？假設你在商展租了一個攤位，這種活動大家都會發促銷品，輸人不輸陣，但你可能得搭飛機去參展。這時體積大的東西就很不便，應選擇輕巧些但價值和功用高的產品。

　　如果你只服務在地顧客，彈性會比較大。舉個例，我有個從事抵押貸款的客戶有次進了一批四腳拐杖，裝在盒子裡又大又重。他只帶了幾個去參加地方商展，馬上被一掃而空。但大家對這個促銷品反應熱烈，於是他承諾每個到他攤位上預約會議的顧客會送一個到他們的辦公室。在促銷品的幫助下，他拿到參加商展以來最多的預約會議數。

　　7. 實用性。我跟壓力球沒什麼過節——這些球確實可愛，而且大概可以玩個10分鐘不會膩——但我對於選擇它作為促銷品真的很有意見。這東西毫無用處，卻獲得那麼多人青睞。問題是它並無長期價值，因為它要不是變成小孩的玩具，就是被塞進抽屜或扔到垃圾桶。促銷品應該要能長長久久地使用，才能發揮價值。

舉個例，我20年前幫一個企業客戶製作過一批物美價廉的硬殼急救箱。直到今天，我還會補充藥品進去，已經不知道用它用了多少次。每次用的時候，我就看到那家公司的標誌。各位，那是真正可長可久的廣告價值！

　　8. 圖樣尺寸。你需要什麼種類和尺寸的印樣？如果要印的只有一個小圖案和幾個字，那搭配任何促銷產品幾乎都不會有問題。但如果你希望標誌大一點、內容多一些，那就需要不同的選項，選擇也沒那麼多。

　　超細纖維擦拭布是廣受我客戶喜愛的產品。擦拭布可以印樣的地方夠大，布料顏色選擇多，而且可以使用相當長的時間。

　　9. 行動呼籲。優秀的促銷產品能促成某種商業行為。以我的社區大學客戶為例，他們希望有更多學生和職員追蹤他們的TikTok，所以我建議製作一款有品牌標誌的行動環狀打光燈。這款能讓使用者拍出更漂亮影片的促銷品，讓對方每次使用時，都被提醒要追蹤該大學的TikTok帳戶。

　　正確的產品出現在正確的地點和時間，就能促成正確的行動。國際促銷產品協會的研究指出，有50％受訪者為了得到喜歡的企業或品牌的免費限量版促銷產品，會願意採取許多行動，包括追蹤企業的社群媒體帳戶、在自己的社群媒

體貼文、替某產品或服務撰寫評價、為市場調查或焦點團體訪談提供回饋、參加抽獎或登記產品或服務試用等。送出的禮物深得人心,會激發對方想要回報的心情。

10. 影響力。在充斥數位行銷噪音的世界,郵遞的促銷產品一定能脫穎而出。約有85%受訪者同意或非常同意「比起促銷信函或電郵,我比較想收到促銷產品」的說法。誰不喜歡收到和打開神祕禮物的感覺呢?神祕禮包肯定是我們第一個拆開的信件吧?好奇心讓我們迫不及待想看看裡頭有什麼。

好好挑選你的產品,這件實體禮物為你的企業所帶來的流量,可能比任何數位廣告都多。

㉖ 策略溝通：信任可以是你的競爭優勢

> **作者**
>
> 丹尼爾・奈索（Daniel Nestle）
>
> 獲獎的企業溝通與行銷創新者，在北美一家日本製造與零售公司擔任傳播部門主管。他是好奇心與對話力量的真實信仰者，主持兩週一次的podcast節目丹奈索秀（The Dan Nestle Show），可以在podcast或dannestle.show收聽。會說日文。

你也許已經注意到：信任正日趨式微。所有地方都是如此。

每年，公關顧問公司愛德曼（Edelman）都會發表著名的「愛德曼全球信任度調查報告」（The Edelman Trust Barometer），分析人們對於社會制度和機構的信任度。[8] 從28個國家超過36000名受訪者取得的資料顯示，大眾對媒體及政府的信任度持續走低。但報告中有一個亮點：企業的受信任程度高於其他機構。

人們指望受信任的企業發揮領導力，引領大家前行。你的事業若能得到這份信任，就能吸引受眾、強化品牌，與顧客、員工等對象建立持久的關係。

話說回來，要怎麼建立信任呢？

「策略溝通」（strategic communications）這時就能派上用場。策略溝通又稱「傳播」（comms），是包含公共關係（PR）、政府關係（GR）及投資人關係（IR）的專業領域。傳播能建立並深化你和受眾（利害關係人）之間的信任，進而強化並保護你的商譽。當彼此間正面且互惠的關係持續一段時間，信任和商譽也會增強。

以下10個溝通訣竅，有助建立明星級的商譽：

1. 以常識和善意培養信任。信任由正直、誠實、信用和權威這些抽象概念組成。更深入探討，這些特質又體現在具體行為與可觀測的行動上，例如言出必行、信守承諾，不說沒有憑據的話、秉持自己的處事原則，以及尊重和寬厚待人等。達到這些標準的人很可能贏得你的信任，而公司和品牌也是如此。

2. 要顧及所有利害關係人，不能只關心受眾。我們很

---

8 作註：Edelman. "2022 Edelman Trust Barometer." January 2022. https://www.edelman.com/trust/2022-trust-barometer.

容易覺得顧客是我們主要的利害關係人，因為他們會買我們的產品和服務。但是舉凡客戶、機構投資人、股東、董事會成員、政府官員、民選首長、非營利組織、記者和員工，都可以算是重要利害關係人。這些人的關係都必須照顧到——其中有些人有時可能比顧客還重要。

利害關係人資本主義（stakeholder capitalism）的概念，是指企業不能只顧及股東利益，也必須對社會公益負起責任。以上市上櫃公司來說，這就體現在企業的永續報告書裡（ESG，指環境保護、社會責任和公司治理）。即使是小公司或個體戶，對社會及環境的影響仍然會被放大檢視。看起來與你的顧客旅程無關的受眾，可能基於你的碳足跡、人權立場、DEI（多元、公平、共融）表現，或你決定要在某些國家營運這些因素，而擁護你或與你為敵。你要展示你在重要的議題上的努力，並了解所採取（或沒有採取）的立場會有的後果。

3. 讓員工動起來。不管你的員工人數是五人還是五千人，要激發他們的幹勁、讓他們動起來的最好方法，就是和他們溝通。企業不是有一批肯拚的員工，業務蒸蒸日上，就是面對高流動率、低生產力，最後江河日下遭淘汰出局。

員工溝通是低成本、高報酬的活動。以最低標準來說，

只要員工有電子郵件或簡訊服務，你就能觸及他們。但隨著如Slack、Teams或甚至Discord等同步溝通平台的出現，單向的資訊傳輸已經轉為雙向（或多向）的對話。對話有助於熟悉感和信賴感的建立，特別是當身為領袖的你也參與其中。你知道當員工與雇主之間建立起互信時會發生什麼事嗎？他們會告訴你和你一起工作多麼愉快，他們會對公司的產品和服務燃起熱情，在社群媒體上分享資訊給親朋好友知道。他們會變成一股強大的擁護力量，成為品牌的傳教士。

4. 對話勝於推銷。與員工溝通的對話模式，也適用於其他利害關係人群體。沒人想被當作待宰肥羊，而拚命推坑的行銷攻勢很容易讓人產生這種感覺。相較之下，對話──特別是以了解或學習為目標的對話──能建立彼此間的情感連結，營造親切感。

在任何社群媒體平台與某利害關係人展開對話前，最好先找個適當的開頭，例如就你專業的主題或你關注的議題發一則貼文，或對於你某篇文章的評論等。所以要了解對方的願望、需求和擔憂，以及這些與你的存在之間如何相關，這點非常重要。身為行銷人，你可能會想知道他們的問題和你的產品方案之間有何相關，但別忘了：如果他們認同你的存在，他們把自己的問題交給你來解決的可能性會大為增加。

5. 運用傳播科技。傳播這個專業，對於如何把提升行銷有效度的那些工具應用在利害關係人的溝通上，步調一直比較緩慢。身為行銷人，你對受眾洞察及分析工具、社群聆聽工具、內容管理與發送平台、評估與分析報告工具這些，可能都很熟悉，而要觸及各群不同利害關係人，需要的工具其實也就是這些。你要做的只有改變「需要不同的內容和經驗，才能建立利害關係人的信任」這個認知。與其按照購買的觸發點鎖定受眾，不如鎖定那些和你的環保計畫或多元共融努力有共鳴的人。也可以用你的行銷科技——不對，是傳播科技——工具，像追蹤顧客旅程那樣，追蹤利害關係人各自不同的旅程。

6. 利用數據的同時也要說故事。傳播科技開啟了深入了解利害關係人興趣、習慣和行為的大門，有些工具甚至也提供內容與主題相關性的深度分析。這些數據可以幫你把資源聚焦在以利害關係人為中心的主題上。

但是，數據無法做到（甚至AI也還不太能做到）的是與讀者建立情感連結。只要你的讀者是有血有肉的真人，故事永遠是抓取他們注意力最好的方法，尤其是一篇寫得很精彩的故事。

真要探討好的說故事技巧，可以寫上好幾章，這裡節省

大家時間,把重點濃縮,你的故事需要三個要素:鋪陳、衝突,和解決。比方說,正在談的第6個訣竅的頭兩段,就是一個「是—可是—因此」的故事:「科技很棒。但它無法在情感上與人連結。因此你需要說故事。」鋪陳,衝突,解決。

7. 追蹤情緒。社群聆聽數據的另一個重要用途,是用來做情緒分析。機器對於情緒(這裡指對你的品牌的正面、中立或負面感受)的掌握,還停留在藝術而非科學的階段,但聆聽平台[9]的AI在不斷學習,正確率也持續提升,對於你的商譽狀況能做出很有參考價值的判斷。這些工具也能偵測到正面或負面情緒的突然改變或攀升,幫助你找到近因。這些改變能即時幫助你辨認粉絲、支持者和潛在網紅,並在商譽面臨急迫風險時向你示警,為你爭取減緩衝擊、或當情勢升高時準備因應危機的時間。

8. 安度危機。該來的都會來,是禍躲不過。但良好的危機溝通處理能避免情勢進一步惡化,並加快復原腳步。最佳的危機溝通目標是信任的建立或重建:要誠實;要說到做到;態度謙和有禮;拿出證據和資料佐證自己的說法。最有

---

9 譯註:社群聆聽平台(social listening platform)是一種數據分析工具,用途是監測和分析社群媒體上的討論和意見。

效的危機溝通處理方式，通常也最難做到：保持冷靜；說話前先停下來想一想；等待事實明朗；記得要呼吸。這不是說靠著正念和常識就能處理所有危機。犯罪活動、任何形式的歧視和騷擾、職業傷害，及其他無法預料的事件，都可能威脅到你的事業和生計。在這種狀況下請尋求法律協助，或與你公司裡的法律團隊研究接下來的方向。

9. 爭取媒體報導，或自己製作一些新聞。曾經，「媒體關係」就是公關的同義詞。那時公關團隊存在的目的，是獲取媒體報導和發布新聞稿。這些依然是傳播的重要功能。問題是，媒體關係的效用已經今非昔比。更少的記者要報導更多的新聞故事，填滿那幾乎數不清的媒體通路，爭相抓住讀者和觀眾的注意力。你的新聞要博得版面，運氣得要很好才行。除非你有爆炸性的消息或者你是名人，不然你還是把資源拿來自己製作報導比較合算。在部落格或其他屬於你的通路發布文章，用你的社群媒體通路和電子報分享文章內容。把你的新聞稿發到你自己的新聞發布室。得不到媒體關注，就讓自己成為媒體。反正你比他們還受到信任。

10. 有耐心。信任和商譽的建立是需要時刻留意、永無休止的過程，但其報酬讓這些努力很值得。讓傳播成為行銷實務的一部分，你甚至在顧客展開旅程之前就能掌握狀況：

他們是怎麼聽說到你，怎麼對你產生信任，怎麼從你們的關係得到足夠的信心開始與你進一步互動的。信任和商譽的建立，能讓利害關係人持續對你的品牌忠誠並感到興趣。

㉗ 口碑行銷的神奇力量

> **作者**
>
> **札克・席波特（Zack Seipert）**
>
> 熱愛學習與研究和行銷相關的一切事物。擁有猶他谷大學數位行銷理學士學位，目前與妻子黎賽特及兩個孩子（諾亞和露娜）住在猶他州桑塔金市。與他聯絡請至 LinkedIn 帳號 @zack-seipert。

口碑無處不在。

它每天發生在我們生活周遭，線上有，線下也有。你可能前不久才跟朋友分享一家你喜歡的餐廳，或對某個正在規畫旅遊行程的人建議必看的景點。這就是日常生活的口碑行銷（word-of-mouth marketing，WOMM），是每天發生在家人朋友甚至陌生人之間的點子分享、品牌提及和產品建議。

口碑行銷不是新概念，這類的對話已經存在了數千年。只是我們今日所知的「口碑行銷」概念，深受艾德・凱勒

（Ed Keller）的劃時代研究所影響。[10]凱勒是這個領域最重要的專家。他和同事研究發現，關於口碑的談話不成比例地來自人口中一個小（約10%）但強大的子集合，他稱這個子群體為「談話催化者」（Conversation Catalyst）。

　　口碑行銷的成功，有賴於我們有效地觸及這些談話催化者，並提供真實、有趣又相關的故事讓他們分享的能力。這樣一來，他們就會把故事分享出去，而且平均會分享給另外九個人！簡單說，人信任的是人。人們在做自己的購買決策時，喜歡蒐集並評估其他人的意見，在計畫購買高單價物品時更是如此。這就是口碑之所以那麼重要、影響力那麼大的原因。

　　以下10點能幫助你更進一步了解口碑行銷，以及它在你整體行銷策略中的重要性：

1. 你必須讓你的顧客有值得聊的事，口碑行銷才會發生。沒有人會去聊平淡無奇、稀鬆平常又不怎麼樣的經驗。平庸不值一提。或者就如作家傑・貝爾（Jay Baer）所說：「跟別人一樣你就遜掉了……（身為人類）我們天生就愛聊

---

10 作註：Keller, Ed, and Brad Fay. The Face-to-Face Book: Why Real Relationships Rule in a Digital Marketplace. New York: InkWell Publishing, 2015.

與眾不同的事物，天生就會忽略掉普普通通的東西。」[11]這裡我提一個簡單的口碑行銷操作法：做一件和競爭對手不一樣的事，讓你的顧客注意到這點，然後鼓勵他們去分享；重複以上三個步驟。

2. 調查或訪問你的顧客，問問他們為什麼選擇你的品牌。注意聽、作筆記，並順著對方的答案接著問後續問題。他們選擇你而非你的競爭者，是因為你的價格，還是因為你優質的顧客服務，或根本是其他理由？能更清楚地掌握目前顧客選擇你的理由，有助於你了解自己的強項以及還有進步空間的地方，讓你的品牌更具備贏得口碑的實力。

3. 把握顧客接觸點，這是推動口碑行銷的良機。顧客接觸點指的是消費者在顧客旅程中與你的品牌互動的時機。舉例來說，網路評論或顧客見證、實體或網路商店、你的網站、顧客服務和包裝這些，都可能是接觸點。把足以成為口碑的元素，策略性地置放到一個或數個顧客接觸點上，就能提高對你有利的談話出現的機率。尋找將這些接觸點個人化的機會。可口可樂公司推出的「分享可樂」（Share a Coke）活動就是很棒的例子。該公司把可樂、健怡可樂和零卡可樂瓶身上經典的可口可樂標誌，置換成「與（真實人名）分享可樂」的標語，這個手法大大提高了這個其實很普

通產品的分享性,也向顧客提供非常個人化的產品。

4. 別把口碑行銷和行銷花招搞混。很多人傻傻分不清促銷戰術和口碑行銷的不同。口碑行銷策略不是花招、把戲,也不是噱頭。我們不是為引起話題而引起話題,也沒有要走「爆紅」路線。你騙不了口碑這個體系。花招和噱頭即使有效果也很短暫,只有長期持續投入,才能得到成功。相較之下,口碑推薦是直接與推薦人相關,牽涉到一定程度的信任。你的口碑行銷策略若能正確與你企業的宗旨和價值觀契合,應該能長久穩定地為你帶來新顧客。

5. 口碑是極難衡量的。你耳邊也許會響起管理大師彼得・杜拉克(Peter Drucker)的話:「不能測量的,就無法管理。」但口碑行銷還是很重要!口碑是出了名的難以直接評量,因為大部分談話都發生在線下,或在俗稱的「黑暗社群」(dark social,如簡訊、Slack、電郵、Discord等平台)裡。根據行銷公司RhythmOne的估計,84%的線上分享都發生在黑暗社群,這是社群聆聽工具無法測知的地域。我們來做個試驗,把你的手機拿出來,滑一滑你的電郵、簡

---

11 作註:Baer, Jay. "Word of Mouth Strategy and Talk Triggers." Filmed 2019 at World Series of Sales, Las Vegas, NV. Video. https://www.youtube.com/watch?v=AcpCYe6BEU8.

訊和訊息軟體。應該不用多久，就能看到你近來跟通訊聯絡人分享或推薦了某個產品、品牌或服務。

6. 口碑行銷和網紅行銷不一樣。以為口碑行銷就**等於**網紅行銷，是一般人常見的錯誤。這兩者確實很類似。最大的差異是，網紅屬於容易找到的談話催化者，因為他們會自己向你表明身分！他們要與你合作時，通常會要求一些互利的價值交換，例如索取試用品或獨家內容，也可能會要求收費。而口碑行銷是當你把真實、有趣又相關的故事拋出來時，談話催化者會**找到**你，並把故事分享出去。

7. 創造有意義的體驗，讓你的故事被分享出去。人都**愛**分享。企業和品牌只要能提供令人驚喜的體驗，顧客會很樂意散播這些故事。要創造難忘的體驗其實不難，只要具備三大要素：有關聯、有趣味和有意義。打造值得一提的顧客體驗，就能收割豐碩的口碑回報。

8. 借助使用者原創內容（UGC），推動你的口碑行銷。對潛在、現有及過去的顧客提供值得分享的素材並鼓勵他們廣為傳播，能使他們更迅速確實地為你宣傳。顧客就是你的行銷專員。表揚並獎勵那些積極傳播你內容的人。喜歡的品牌公開肯定自己，會讓他們更有動力。

9. 口碑行銷是雙面刃。說到這裡，也必須提到負面口

碑可能帶來的傷害。顧客有能力，也會用同樣快的速度，散播關於你品牌的負面故事、資訊和體驗。事實上，根據第一金融訓練服務公司（First Financial Training Services）和白宮消費者事務辦公室的調查，96％的不滿顧客不會直接向商家抱怨，但他們會把自己的負面經驗與別人分享，平均每人分享人數約為12人。[12]

10. 口碑行銷恆久遠。它存在了千百年，未來也不會消失。唯一幾乎確定會改變的，是消費者用來分享想法與經驗的管道和媒介。如Web3、NFT、元宇宙等科技的進步，會如何影響你的口碑行銷策略？對這些新技術可加以測試和實驗，但倒不需要一有什麼新科技出來就急著採用。

---

12 作註：Digby, James "50 Facts about Customer Experience," Return on Behavior Magazine, October 26, 2010, http:// returnonbehavior.com/2010/10/50-facts-about-customer experience-for-2011

28 社群：行銷的進化

> 作者

費歐娜・盧卡斯（Fiona Lucas）

社群媒體策略專家、線上社群顧問及講者，著有《幫孩子準備好面對未來：保護社群媒體遊戲場上的兒童》（*Futureproof Your Kids: Protecting your children in the social media playground*）。更多資訊請參閱www.filucas.online和www.irespectonline.com。

今日的行銷世界，品牌及企業忠誠度普遍不足。當我們在事業體的周圍建立起社群，其實我們就有了很特別的機會，可以提供受眾歸屬感，建立他們的信任，從他們身上學習，並培育如今已很稀有的東西：忠誠度。

社群的形成通常圍繞著五個核心要素：共同利益、在地社區／位置、情境、採取行動的必要性，以及對學習的渴望。不管形成要素只有其中一個或幾個，社群的開始或結束都維繫在促成它成功的人身上。社群的建立是企業長期策略

的一部分,既不是大拍賣也不是單向溝通,而這也正是社群迷人之處。

社群會對所有利害關係人提供資源。不管你的公司是小是大,或是新創企業,社群的建立都能提供資訊分享、互相學習和群策群力的機會。以下10點能說明建立社群的價值並協助你起步:

1. 從「為什麼」開始。 先問這些問題很重要:為什麼要建立社群,以及我們希望這個社群帶給成員和企業什麼價值?策略是關鍵。第一步得先釐清社群的目標,並設定原則及想要的成果。社群的建立必須以人為本,不能把這裡當作發送內容或強迫推銷的地方;要讓人感覺有歸屬感、受到重視,且和其他人受到平等對待。(把社群當作企業團隊的延伸。)問自己三個問題:我了解社群對我事業的價值嗎?我準備好要滿足社群的需求了嗎?我準備好建立社群所需要投入的時間和資源了嗎?

2. 選擇對的平台。 社群的潛在成員大多在哪裡活動?你希望能提供什麼樣的功能?企業第一個考慮的往往是可以建立群組的平台,例如Facebook或LinkedIn,但這些平台的功能都很有限。而且別忘了,潮流在改變,不是所有人都想上這類社群媒體。市面上有很多獨立的社群平台,還有更

多尚在開發中。尋找能與你的事業和新的科技發展一同成長的功能，例如能主持即時活動、虛擬實境活動及其他活動的功能，或把主題分門別類，分成各自的貼文串或討論區，更方便討論和互動的功能。其他不錯的功能包括即時聊天、遊戲化、協作工具、AI的使用，以及很重要的：維護管理的容易度和安全性。

3. 要投入。你必須展現出企業在社群中投入了相當的資源和參與，才能贏得忠誠度。你的活動應該要支援所有利害關係人的目標，這些利害關係人包括高階主管、企業所有人、經理人、投資人、員工及其他相關人等。第一印象很重要，讓整個團隊投入社群中，能立刻營造出建立尊重、信賴和感激的舞台。

4. 嚴肅看待社群管理。指派一位社群管理人，並為社群成員制定清楚的規範。社群管理人不是管理社群媒體，重點不在貼出什麼內容，而在協助並支援成員間的交流、連結、分享，並幫助他們在社群中找到價值。此外，社群管理人也要支援版主，確保社群規範得到遵守。隨著社群成長，成員愈加投入，潛在的品牌大使和自願擔任版主的人選就會浮現。在接洽潛在品牌大使時選擇較軟性的做法，直接向對方徵詢，不要貿然敲鑼打鼓展開未經測試的計畫。

5. 提供扎實的內容體驗。說到內容，目標不應該只設定在把資訊推向成員。主動傾聽成員的需求，製造機會，讓社群產製並豐富自己的內容，讓社群成員與這些內容及彼此互動。當你準備創作內容時，問問自己這三個問題：這則內容接地氣嗎？能不能引起好奇心？能不能讓成員擁抱社群的價值？可能的話，使用創新的方式提供多元體驗。也許可以使用包括影音、即時聊天、特別活動、虛擬實境或元宇宙會議室、共享方案和親身體驗機會等。別忘了，推陳出新對於維持成員的參與度很重要。

6. 尋找優秀人才。從你的社群內培養優秀的人才庫，能為事業帶來成長擴張的機會。不管你是在為團隊尋找新血、希望藉由沉浸式體驗讓現有的員工成長學習，或著眼於熱心的受眾可協助新產品的測試或協作，社群在這些方面都有豐沛的潛力。最佳例子比如本書的催生者薛佛所培育的社群RISE。他使用Discord平台，把我們這些研究Web3、志同道合的行銷專家集合起來，邀請我們一起進行數個計畫，包括元宇宙的實驗聚會、會員限定的業界領袖網路研討會，還有你現在正在讀的這本書。這是一次很棒的社群體驗！

7. 授權，學習。感恩並善用社群賦予的獨特機會，察知利害關係人想從你的事業得到什麼。社群非常有利於創新

的發生，但你必須準備好把主導權交到社群成員手上。讓他們帶頭，問問他們什麼是他們希望看到或體驗到的。讓他們有機會參與產品及服務的測試、設計和規畫，分享自己的知識。舉例來說，RISE社群成員有寶貴機會能在元宇宙向其他成員簡報，這個以學習為主的活動，完全由社群成員推動。

8. 留意旁觀者。所有社群都有靜靜觀察，但從不出聲的「潛水者」。請不要忽略這群人，因為他們也是社群很重要的一部分。也許他們（還）不覺得自己有值得貢獻的知識，也許他們太忙無法分身。觸及這群平常不直接互動的人，讓他們知道自己受到重視。提供他們明確的「檯面下」參與管道，例如參加調研或問卷等，能讓你更了解這個社群的運作。

9. 別把社群和客戶服務混為一談。把你的品牌或企業社群，與技術／顧客支援或銷售功能區分開來。健康的社群不應以排除問題或行動呼籲為主要任務，而應聚焦在強化所有社群成員間的連結、培養彼此的敬意與歸屬感上。要說投資報酬率的話，社群的經營算是長期投資。不要糾結在數字或成員的成長率。參與度高但規模小一點的社群，強過大卻不活躍的社群。評量內容參與度、成員分享的原生內容，以

及社群之外品牌訊息的社群聆聽，這些都是重要評估指標。成員會在社群之外分享對你的企業級品牌的愛戴，就是經營社群最好的成果。

10. 超越行銷。社群的建立對你的事業可能產生深遠影響。社群是向利害關係人展示你事業的社會影響和公司治理的完美場域，能補足在標準行銷操作上經常欠缺或被忽略的透明度和開放度。社群也是測試企業新嘗試的好地方，甚至可能成為新創公司誕生的平台。擁抱社群，為你的事業創造光明的未來。

What's Next?

Part 5

未來展望

㉙ 個人品牌的魔力

> **作者**
>
> **馬克・薛佛（Mark Schaefer）**
>
> 行銷策略顧問，也是大學教育工作者及專題講者，著有包括《為人所知：數位時代打造及激發個人品牌潛力手冊》（*KNOWN: The Handbook for Building and Unleashing Your Personal Brand in the Digital Age*）等10本著作。更多資訊請參閱www.businessesGROW.com。

每個人都有個人品牌，代表著別人怎麼看你。你在朋友眼中是個給力、可靠或聰明的人，那這些特質就是你個人品牌的一部分。今日的商場，積極經營個人品牌非常重要，而方法就是有條不紊地持續把自己的最佳成品放大展現出來。

在網路上建立有效的名聲、權威和存在感，能大幅提高你實現夢想的機會，不管那個夢想是創造更多銷售，是替慈善機構募得更多款項，是受邀到你最喜歡的大會演說或是任何其他目標。成為某個領域的「知名」人物，更多的機會之

門就會為你敞開。

隨著許多傳統行銷工作面臨AI（人工智慧）威脅，有效的個人品牌也許是我們唯一自保之道，讓我們不會淪為無足輕重。

今日行銷的核心，很大一部分是個人品牌。比起行銷、廣告或公關手段，我們對真實的人說出的可靠話語有更高的信任度。漸漸地，個人品牌就**等同**品牌本身，對小型企業來說更是如此。以下10點能幫助你建立個人品牌：

1. 弄清楚你想要以什麼知名。這很可能不是你的嗜好或你「熱愛」的事物。而必須是你感興趣的主題，但潛在受眾也要夠多，足以助你達成目標。你會怎麼完成「只有我……」這個句子？如果你能完成這個句子，代表你很清楚自己在業界獨特的立足點。你與眾不同的點，是顧客和同事喜愛你的原因。何不問問他們怎麼想？

2. 用內容推動你的個人品牌。聽起來有點驚人，但你的內容來源其實只有四種選擇：寫的（如部落格）、聲音（如podcast）、影片（如YouTube或直播）或視覺（如Instagram或Pinterest上的照片）。怎麼選擇要用哪種內容？當然要考慮你的競爭者和受眾，但最重要的是，選擇帶給你最多樂趣的內容形式。製作內容時你如果百般不願，

受眾會感覺得到並離你而去。如果你想試試podcast，就去試；如果你天生擅長寫作，就用寫的。不要太在意外面到底有多少競爭者。你，就只有一個，所以你沒有競爭者。

3. 不要想面面俱到。在這個嘈雜的世界要脫穎而出，得非常出眾才行。而若同時得應付五條戰線，很難做到出類拔萃。一旦選定內容路線，就不要三心二意，看到什麼新點子又躍躍欲試。堅定照著自己的內容計畫走，磨練技能，用個兩三年時間建立起一批受眾，之後要考慮多角化再去考慮。

4. 「社群媒體」不等於內容。Facebook和YouTube等社群媒體平台是你發送內容的管道，而非內容本身。舉例來說，你製作一支影片之後，可以經由LinkedIn、Facebook、Instagram等許多平台發送。盡可能在顧客可能看到的各種平台貼出你優質的內容。

5. 記得，你的最終目標是當人說到你的產業時就想到你。要做到這點，唯一的辦法是要持之以恆地現身。以至少每週一次的頻率創作內容，並堅持下去。穩定出現比偶有佳作更重要。開始時先致力於每週創作同樣種類的內容，至少持續18個月，讓你的想法有足夠時間獲得注意。這個世界要找到你和你的內容需要時間。你的內容漸漸開始得到回應

（比如問題、留言和業務詢問等）之後，要再接再厲。你開始打出一點知名度了！最好持續追蹤這些能反映進步程度的質性評量指標。人最容易犯的錯誤就是太早放棄。

6. 質與量必須兼備。打造個人品牌的過程中，內容的質和量一樣重要，缺一不可。你釋出的材料愈多，大家找到你的機會也愈多。向世界送出你超群卓越的證明，藉此建立一群有行動力的受眾，他們會參與你的成功。

7. 與分享你內容的人互動。這些人主動擁護你和你的想法。我稱這群人為「阿法受眾」（Alpha Audience），是你的受眾中最重要的一群。務必找各種方法與你的「阿法受眾」互動，獎勵他們。這群積極的擁護者比任何你能買到的廣告都管用。

8. 建立受眾時，不要執著於數字。對你和你的品牌來說，部落格或podcast上的50名訂閱者，可能比Twitter上的10000名追蹤者來得有用，因為這50名訂閱者相信你，且主動同意接受你的內容更新。如第28章說到的，這批最初的訂閱者，是你經營社群的開始。

9. 思考將內容在日後集結成書的可能性。書不是人人能出，你一旦出了書就能躋身作者之列。你想想：如果每週在部落格產出1000字，持續52週，就有52000字，這個字

數要出一本書綽綽有餘。賣多少本不重要，也沒人會知道。但你從今以後就是那本書的作者。這很特別。此外，可利用如Otter.ai等軟體，把影片和podcast轉譯為文字！出書對於你的可信度和個人品牌而言，就像火箭推進器。

10. 用公開演講加速個人品牌建立。從小場子開始。任何願意讓你上台講話的團體都去試試看，因為你會從中學習，一次比一次進步。而且看過你演講的人愈多，你收到的演講邀約也會愈多！演講不一定是可怕的經驗。挑選三到五個你想分享的相關概念，想一個故事來說明每個概念。多練習，你就能侃侃而談30到40分鐘，從這樣開始。

㉚ 元宇宙的行銷

> 作者

布萊恩・派柏（Brian Piper）

羅徹斯特大學內容策略與評估學系主任。也是顧問、專題講者，與《史詩級內容行銷，二版》（EPIC CONTENT MARKETING, Second Edition）一書的共同作者。更多資訊請參閱brianwpiper.com。

定義元宇宙的方式很多，從現在的聊天室和「要塞英雄」遊戲（Fortnite），到《一級玩家》（Ready Player One）[1]或《駭客任務》（The Matrix）中出現的虛構地景。

企業家馬修・柏爾（Matthew Ball）對元宇宙的定義算是很全面。[2]

「這是一個範圍廣袤且有互操作性的三度空間即時虛擬

---

1 譯註：《一級玩家》是2011年美國作家克萊恩（Ernest Cline）的科幻小說作品，後於2018年改編為電影。電影設定在2045年，大多數人類為了逃避現實世界的混亂而投入虛擬的網路遊戲「綠洲」。

2 作註：Ball, Matthew. The Metaverse: And How It Will Revolutionize Everything. New York: Liveright Publishing Corporation, 2022.

世界，可由無限多的使用者同步持續體驗，每個使用者能保有個別的存在感，在身分、歷史、資格、物件、通訊和支付金額等資料上具有連續性。」

據麥肯錫公司（McKinsey）[3]估計，元宇宙的潛在經濟價值在2030年可能達到5兆美元。許多品牌已在這裡試水溫，Sprout Social指數[4]顯示，三分之二以上的行銷人士預期未來會在元宇宙投入相當規模的支出。目前這都還在發展初期，但你可以為將來進入元宇宙時機成熟的時刻預作準備。

元宇宙成為中小企業投入行銷資源的標準環境前，還需要達成技術上的進步，消費者意識和採用率也還需要大幅提升。但類似情況在網路、行動通訊和社群媒體等其他快速發展的科技上都發生過，而我們正在見證元宇宙的發展歷程。

以下10點有助你在這個空間取得起步優勢：

1. 現在就開始嘗試。就像網路和社群媒體興起初期，現在就開始嘗試、學習並熟悉環境，對日後在此活用你的內容會很有幫助。

你可以邀請某人在spatial.io來場元宇宙會議（連VR眼鏡都不需要就可嘗試），可以用Ready Player Me創造你個人的元宇宙化身，或者就只是四處看看，觀察業界其他品牌在這個虛擬世界都在做什麼。每天都有領先創新者加入這

裡，包括Nike、Gucci、Coke等許多品牌都已加入。

2. 掌握你的受眾。你的目標受眾若包括千禧世代（1981-1996年出生）、Z世代（1995-2009年出生）或阿法世代（2010-2024年出生），探索元宇宙對你來說就刻不容緩了。年輕世代期望在元宇宙與品牌互動。麥肯錫公司指出，未來五年內，Z世代與千禧世代每天在元宇宙花費的時間預期會接近五小時。

3. 著眼於更豐富的體驗。元宇宙的行銷會包含沉浸式體驗，而不再只是橫幅和展示型廣告。著陸頁和行動呼籲在這裡都可以一邊涼快了，你要開始思考如何把用戶帶進你的故事。假如你賣籃球鞋，使用者要的不是在店裡逛逛試穿鞋子，他們會希望能穿上球鞋，與喬丹來一場一對一單挑。

4. 尋找把商機整合在體驗中的機會。元宇宙中的金融和匯兌要倚賴加密貨幣，而購買行為與體驗會有更高度的整合。假設時間來到2030年，你在觀賞全沉浸式VR重製電影

---

3 作註：Aiello, Cara, Jiamei Bai, Jennifer Schmidt, and Yurii Vilchynskyi. "Probing reality and myth in the metaverse." McKinsey & Company, June 13, 2022. https:// www.mckinsey. com/industries/retail/our-insights/probing-reality-and-myth-in-the-metaverse.

4 作註：Kenan, Jamia. "How to join the Metaverse: The complete guide for your brand." Sprout Social, August 11, 2022. https:// sproutsocial.com/insights/how-to-join-the-metaverse/.

《鐵達尼號》，你可以站在船頭，俯瞰腳下白浪翻騰、船首破浪前行的景象。

假設你覺得傑克身上那件長大衣不錯，你可以讓電影暫停、點選那件大衣，然後向不同買家購買，而且不需要離開電影就能完成這一切。元宇宙的產品置入，需要全新的內容形式。

5. 與受眾連結。元宇宙將提供終極的個人化體驗。元宇宙裡的行銷，將使你的品牌以前所未見、個人化且精準的方式，觸及並連結你的特定受眾。NFT與使用者控制的數據將使品牌能依據使用者願意分享的資料，提供極為客製化的體驗。

商家可以利用AI監測使用者在元宇宙的動態，並依據對方願意分享的數據即時調整體驗，讓他們看見自己最感興趣的產品和服務。

假設某個使用者想知道要怎麼更換屋頂被吹落的木瓦片。如果對方分享了他的所在地資料，你又經營屋頂維修公司，你就可以創造一個元宇宙體驗，讓屋頂修繕專家帶著這位使用者上到他在虛擬世界中的屋頂，示範要用哪些工具和技巧，才能安全有效地進行維修。你可以在課程中向對方銷售這些工具或告訴對方上哪去買。

6. 設法把你的產品整合到遊戲裡。遊戲和時尚是元宇宙目前的兩大趨勢。許多正在探索元宇宙的品牌，都設法把自家服飾或產品整合到既有的遊戲中。

元宇宙遊戲平台Roblox的廣告主陣容已經包括Gucci、Tommy Hilfiger、Burberry等眾多品牌。想想你的品牌或服務，能怎麼幫助遊戲玩家提升體驗或外觀？

7. 找出獎勵使用者的方式。沉浸式的參與、教育和互動機會，要與內容獎勵連動。想想看當受眾學習、移動或分享你的內容時，你要如何獎勵他們。

比如OliveX等品牌已經建立虛擬健身中心，使用者可藉由運動或達成某些健身目標（甩掉5％體脂肪，或持續30天、每天做100下深蹲）賺取獎勵，而後可在其他數位或實體商品上使用這些獎勵。

8. 做好失敗的心理準備。Web3和元宇宙目前都還在學習摸索階段。要記得，我們必須在失敗中學習。有的計畫會成功，但更多的計畫會失敗。留意元宇宙的動態，看看那些成效不錯的計畫，試著找出其中成功的要素，然後把這些要素整合到你的計畫裡。心中有策略，好好做功課，做好山不轉路轉、路不轉人轉的心理準備，是在元宇宙致勝的不二法門。

9. 找尋與顧客攜手合作的機會。顧客不只是消費者，他們是你的珍貴資產，能告訴你你經營的社群和品牌該走什麼方向、發揮什麼功能。Web3世界最神奇的一點，就是這裡的社群參與度之高、使用者之活躍是其他地方所不能及。

使用者一旦成為你的代幣或NFT所有人，就會對你的品牌產生歸屬感。他們會感覺自己也是社群的主人，熱切地希望幫助社群成功。這些地方無時無刻都有美妙的合作發生；如果你在建立並與社群互動時能睜大眼睛，你也可以提供使用者這樣的合作機會。

10. 考量你的整體元宇宙策略。元宇宙遠遠不只是行銷。思考如何把行銷整合到你的元宇宙策略時，別忘了你所做的一切都是為了替使用者提供體驗。可能其他某個品牌在做的事，你覺得也適用於你和你的產品或服務，你很想來個依樣畫葫蘆。這時請退後一步，看看整個大圖像，想想你的整體元宇宙策略，想想你希望替使用者提供的是什麼。

你在元宇宙採用的行銷手法，務必和你希望在這個新環境達到的目標相一致。

㉛ 如何利用 Web3（NFT及代幣）行銷

> 作者

喬里・比賴斯特（Joeri Billast）

兼職行銷長和Web3行銷策略專家。Amazon暢銷書作家、Web3行銷podcast節目《行銷長的故事》（*CMO Stories*）主持人。熱愛演講。更多資訊請參閱www.webdrie.net。

Web3的時代已經到來——你準備好了嗎？你也許聽過Web3的名號，就是由去中心化網路及區塊鏈技術驅動的第三代網際網路。但你可能不知道，Web3在行銷上有許多優勢。我們需要做的，只是重新想像自己是數位世界的所有者，讓Web3為我們所用。

區塊鏈是資料庫的一種，分散在一個網路中的多部電腦上，由於具有極難改動的特性，是追蹤所有權和交易的理想平台。**去中心化**網路或應用程式的意思，是指這些網路或應

用程式不為某單一的中央企業（如Meta或Twitter）所「擁有」；它們基本上是由該社群所「擁有」。

Web3在行銷上的應用有幾個方向。比方說，你可以創造並儲存像NFT（非同質化代幣）和代幣等數位資產。NFT獨一無二且不可被替代，代幣則可用來交易其他資產，或購買產品及服務。你也可以用Web3來建立網站的去中心化應用程式（dApp），這些應用程式由區塊鏈運作，較傳統網路應用程式更安全有效率。

用Web3來行銷好處多多。首先，去中心化網路和區塊鏈技術的安全性較高，資料被駭被竊的風險較低。此外，由於Web3不需要銀行或其他金融機構等中間人，因此更有效率，能縮短交易時間、節省交易成本。最後，Web3不具地理疆界，使你能與全球受眾連結。

以下10點有助於Web3旅程順利啟航：

1. 取得你的Web3身分。主宰今日網路世界的是Web2.5應用程式。這些程式是中心化的閉源（closed-source）軟體，除了創作這些程式的公司或機構本身，外人無法加以修改或改善。而區塊鏈及真正的Web3網路與應用程式，都是完全開放原始碼，這就大大不同了。

在Web3的世界，使用者就是所有者！以取得Web3數

位身分跨出第一步,決定你要與其他人分享什麼資訊。你只需要一到兩個身分:一個代表公司,一個代表個人。以我為例,我有Joeri.NET和CMOstories.eth兩個身分。前者是Unstoppable域名(向域名服務機構Unstoppable Domain購得),後者是以太坊域名(即ENS域名,向ENS Domains購得)。

這兩個網域都在區塊鏈上,也都是去中心化,換句話說它們安全性極高,也很難加以審查。兩個網域各有特色。Joeri.NFT是我個人網域,以太坊網域則交給「去中心化自治組織」(DAO)管理;DAO是一群無中央領導的人士,其決策都可以公開審閱。所以立刻採取行動,取得你的數位身分吧。

2. 開始打造你的數位個人檔案。取得數位身分有幾個好處。首先,你的Web3交易就有了一個易讀易記的支付選項(在我的例子就是Joeri.NFT),不需要再用複雜的錢包地址。你還可以使用加密電子郵件和去中心化網站(會需要有Brave之類的Web3瀏覽器)。此外,擁有數位身分,你就能用區塊鏈技術上的個人資訊存取自己的Ready Player Me化身;這些化身在虛擬數位空間就代表你本人。

3. 探索這個空間。在Web3拓展個人品牌有個行銷妙

招：去搭某個當紅的NFT項目順風車，例如Lazy Lions（懶獅），把自己在Twitter的頭像（PFP）換掉，並發文描述，接著就等該社群的其他成員來與你連結，你會發現追蹤人數上升，觸及也會增加。換句話說，去加入那些已經擁有高互動社群的NFT項目。借助該社群的力量。藉由購買NFT打入這些社群，使你的品牌成為話題。

4. 做功課。但購買NFT也不能莽撞。先研究關於最大NFT交易平台OpenSea上項目的即時推文。到Discord社群平台查查這些項目。有時領袖人物已經從NFT項目出走，這可能影響該項目的長期展望。有些出師不利但後來居上的項目，也是很有意思的研究對象。看看他們怎麼做危機管理，如何與他們的持有者和社群溝通。

5. 搞清楚買了以後你真正擁有的是什麼。你打著如意算盤，想說買個NFT，然後把它用在你的事業上？但要知道，不是所有NFT項目都允許持有者把該圖片當作生財工具，也就是說，你的NFT上那張圖片的版權有可能不屬於你。有些專家指出，大部分NFT創作者其實都會限制項目的商業用途，僅允許持有者「使用、複製與顯示」該NFT的權利。[5]當然也有例外，比如Yuga Labs便對CryptoPunks這個NFT項目的持有者釋出完整的商業權利，允許他們在

商業或個人用途上使用他們的角色。

6. 從你的社群開始。你是否考慮為自己的事業推出一個NFT？先從打造社群開始，你會發現消息的布達容易得多。健康活躍的Discord社群伺服器是NFT項目成功的一個要素。Twitter對掌握NFT和加密貨幣的最新趨勢幫助也很大。最後，別忘了通訊軟體龍頭Telegram——這裡是近來加密貨幣社群互動度最高的成員喜歡出沒的地方。

7. 了解你的受眾。思考一下，你希望用你的NFT去觸及哪些人。假如是一群重視實用與美感的人，他們會喜好哪種類型的藝術？

先不談藝術，大多數成功的NFT項目之所以成功，是由於它們對持有者有用處。即使某個項目完全失去金錢上的價值，只要人們確實從社群得到好處，他們依然會珍視這個項目。我會建議以實用為主。務必小心期望過高或過度溝通，因為完美只是童話。

8. 用你的受眾能聽懂的語言。如果你的NFT項目鎖定的並不是一群很熟悉Web3的受眾，那就別聊技術——聊聊

---

5 作註：Ferrill, Elizabeth, Esq., Soniya Shah, Esq., and Michael Young, Esq. "Demystifying NFTs and intellectual property: what you need to know." Westlaw Today, May 10, 2022. https://today.westlaw.com/Document/ I6bfad62bd07311ec9f24ec7b211d8087/View/FullText.html.

他們能得到的好處。談談關於你項目的故事，以及這與受眾有什麼相關，他們為什麼在日常生活會需要這個NFT項目。把你的項目人性化，能幫你觸及那些其實不關心加密貨幣或區塊鏈的人群，讓你的項目更能引起共鳴。利用故事和個人敘事，用每個人──包括那些對我們所在的新世界一竅不通的人──都能理解的方式來述說科技。

9. 探索POAP用途。POAP（出席證明協議，proof of attendance protocol）是一種用來記錄生活軌跡和（虛擬或實體）活動證明的NFT。POAP可以是很棒的行銷工具，能提供虛擬或實體活動的參與者一個證明出席及獲取獎勵的方法。舉例來說，你可以發放POAP代幣給到你店裡購物或報名參加活動的人，也可以用POAP來促銷獨享方案或忠誠計畫，增加客戶回流到你公司的誘因。活動主辦者可以用POAP驗證參與者的出席，並提供獎勵或未來活動折扣。商家和活動主辦者可以用POAP為顧客和參與者打造更有互動的體驗，同時提升品牌知名度與顧客忠誠度。同時，POAP也可用來追蹤某活動在一段時間內的參與人數，這有助評估受眾對某特定活動的感興趣程度，或某行銷活動的效果。

10. 運用你既有的知識及技能。拿出你既有的技能組合，把它應用到Web3空間。隨著世人對網路倚賴日增，在

網路上擁有強烈存在感的重要性也更甚以往。想要在這波浪潮中搶先一步，就必須意識到Web3（也就是下一代網路）的存在。

幸運的是，這一切不需要從零開始；你可以將現有技能應用到Web3空間。舉例來說，如果你是網頁開發工程師，可以著手開發Web3應用程式；若你是網頁設計師，可以創建與Web3相容的使用者介面；若你是行銷人員，可以協助推廣Web3專案和產品。

關於Web3要學的東西確實很多，但所有新技術都是如此。重要的是踏出第一步，然後持續學習。假以時日，你也能輕鬆駕馭Web3，走在技術的尖端。

㉜ AI行銷一點也不人工

> **作者**
>
> 瑪莉‧凱瑟琳‧強森（Mary Kathryn Johnson）
>
> 對話式行銷規畫師、策略師及講者。協助企業採用許多本章討論到的AI工具，訓練企業有效地使用這些工具。可以上 www.CallMeMKJ.com 與她展開對話。

    無可否認，對於小型企業的成長而言，人工智慧（AI）具有很高的價值。先不談AI反客為主造成人類浩劫的科幻情節，行銷取向的AI能定義並強化你的事業品牌，同時提高你和員工的生產力。

    在商言商，身為決策者，要決定AI對你的事業有何價值，必須拿成本和效益做比較。當企業領袖希望替自己保留充裕選項，並盡量降低對改變的恐懼，必然會利用AI來加速成功的腳步，把競爭對手拋在後頭。

    你的日常生活其實已經充滿AI應用。你用臉部辨識解

鎖手機嗎？那是AI。你在社群媒體貼出照片時，照片裡的人是不是會被自動辨識並標記？那也是AI。這些形式的AI，加上文案撰寫工具、廣告演算法、顧客行為模型及其他許多工具，都為了預估正面結果、朝目標前進所設計，而在行銷上的目標就是與準備掏錢的潛在顧客互動，增加轉換率。

潛在顧客與你的事業及產品接觸的行銷旅程，有開始、中段和結尾。這當中每個階段都可受惠於AI的使用。AI能大大為你的事業效力，但前提是你必須願意多方嘗試。以下是運用AI的10個要點：

1. 開宗明義。AI是指應用電腦科學，讓機器執行通常需要人類創造力與智慧的工作——而大家都知道，有效的行銷靠的就是創造力與智慧。在行銷上使用AI最大的優點，是藉由提高你和團隊的生產力，來節省時間和金錢。AI用於行銷已數十年，主要用於顧客區隔與潛在顧客評分等任務的自動化。近來AI有更複雜也更具價值的應用，能幫助你鎖定互動程度最高、最具潛力的潛在顧客，提高行銷活動的整體投資報酬率（ROI）。

2. 用AI蒐集並分析顧客資料。對身為小企業主的你而言，這類AI的應用能幫你做個人化行銷，因為你會更了解

你的顧客是誰、他們想要什麼。舉例來說，社群媒體的廣告演算法，就是應用AI資料蒐集和分析功能最常見的例子。把你目標顧客的具體特性告知廣告平台，AI就會藉由存取相當大量的數據點（data point），從整個社群媒體平台找出這些人。這些數據點依據不同因子，簡單的如用戶的線上閱聽習慣，複雜的如根據這些閱聽習慣對用戶未來行為做出的智慧預測。

3. 判斷顧客情緒。AI可用於監控社群媒體活動，判別顧客對你的品牌或產品的情緒。這些資訊可以幫助你對社群媒體行銷策略做出必要更動或調整，讓你的內容更能吸引到理想的潛在顧客。當你能利用這些數據的智慧，知道自己貼出的內容正對顧客口味，在社群媒體上發文這件事是不是變得容易多了？

4. 善用功能強大的AI文案撰寫工具。需要製作更全面的內容時，就可以尋求各種強大AI文案撰寫工具的協助，利用它們進一步定義你的品牌。不管是部落格貼文、電子郵件、公司簡介、廣告文案或甚至職務描述，在AI的協助下都可以更有效率地寫好。發布文章前，用另一個偵測剽竊的AI工具檢查並編輯你的內容，以排除剽竊的危險。以這種方式使用AI，能得到更佳的搜尋引擎優化，有助提高你在

線上的品牌認知度。

5. 考慮使用AI生成影像。需要為AI輔助生成的內容搭配圖片嗎？這個AI也幫得上忙，能替你的部落格、社群媒體貼文或書封設計非常客製化、具有品牌識別度的影像。用詳細的文字和關鍵字，就能開始創作插圖、設計產品，依自己的需求生成幾乎和照片一樣的圖片。你甚至可以創作風格和複雜度都堪比你最喜歡的普普藝術家作品的圖片。

6. 探索對話式AI的使用。AI除了能幫你鎖定、吸引和教育你的受眾和潛在顧客，也可以經由文字和聲音，幫你執行行銷及顧客服務的複雜對話。社群媒體的聊天機器人與很多人家裡、手機和車上都有的AI助理，已經日漸普及。這些對話式AI工具能讓你的潛在顧客對你公司的宗旨、產品和方案有更深入的了解，更快與你建立「知道，喜歡，信任」的關係。它們能夠處理你公司日復一日會遇到的重複性詢問，甚至也能了解並適當回應像是「再聊」，或「嗨」、「哈囉」、「你好」等同一個意思的不同表達。想想看，你的團隊每天像機器人一樣回答顧客的常見問題，如果真的交由機器人去回答，團隊的生產力能有多少提升。屆時他們就有餘力去經營更複雜的顧客關係，這樣的工作應該也只有熱情的人類能勝任。

7. 轉換率優化。你也許聽過或甚至用過某些形式的行銷及銷售漏斗（marketing and sales funnel），這些漏斗能指引你的潛在顧客順利度過購買流程，而AI在這一塊也能幫上忙。要在這些複雜且多步驟的流程中尋求轉換率優化，是極為耗時、成本很高的工作。行銷人員通常對內容中的單一參數進行優化時，只做兩種選擇的比較，或稱拆分測試（split-test）。但AI讓你能對一個廣告上的（比如）五個不同標題和五張不同圖片進行分析比較，並同時測試有三種不同顏色的行動呼籲按鈕的三個不同銷售頁面，找出最高轉換率的組合。AI比對能在一週內，從超過75個不同組合中挑出致贏面最大的組合。靠人力要用多個相對侷限的「拆分測試」找出同樣的致勝組合，至少要花好幾個月。使用AI能節省大量時間，大幅提高轉換率。

8. 尋求幫助不成問題。要在事業上用到這裡提到的一些AI選項，也許感覺很困難或甚至難以克服。但是放心，沒有電腦工程學位的人一樣可以把AI用得得心應手。市面上有不少學程，提供簡單易懂的教學、樣板和指引，你從一開始就可以得到許多幫助。只要有時間和努力就能成功——若能再加上一點興奮感和靈感就更完美了。

9. 道德。對任何企業主而言，鎖定潛在顧客和提高轉

換率聽起來都很美好,但你想過用AI來行銷的道德問題嗎?誠然,在便利、生產力及個人化的考量下,我們當然可以利用這些有價值的工具,但另一方面也要當心別用過了頭。除了恪守不同國家的隱私法規,我們還要謹記在心的是,這些「數據點」都是活生生的人。用AI來蒐集大量顧客資料、用商品宣傳對這些顧客狂轟濫炸,最後非但沒有助益,反而還會傷害到你的品牌,不管你用這樣的手法增加了多少銷售額。馬克·薛佛說得好:「最有人性的公司才是贏家。」秉持道德良知,利用AI來替你的事業找到更多對的顧客並服務他們,你也能成為贏家。

10. 選擇的智慧。 你如何知道這麼多好棒棒的AI工具,哪些對你的事業會最有幫助呢?每個AI工具都想試試看的結果,只會讓你頭昏腦脹疲於應付,所以簡單就好:從能帶來立竿見影效果的最簡單工具著手即可。如果在社群媒體的廣告對你來說非常重要,那就試著用某個AI工具來優化這些廣告的績效。如果你在網路商店銷售產品,那就試著加入某個AI工具,來掌握你最暢銷產品的買家都在網路哪些地方出沒,這樣你就知道要上哪找更多像他們那樣的顧客。如果你常在網路發文,搞不懂為何有時某篇文章會突然被瘋傳,但又想複製這樣的結果,那也許可以考慮用AI來

與使用者和夥伴互動,用AI來創作內容,精煉你的品牌及品牌訊息。

㉝ 訴諸情感的體驗式行銷

作者

安娜・布瑞文頓（Anna Bravington）

行銷策略師，也是行銷策略公司「無懼者」（Those That Dare）共同創辦人。主持《跨過內容的鴻溝》（*Crossing The Content Chasm*）podcast節目，並於2022年獲選為「每日電訊報國民西敏集團百大值得關注女性企業家」（*The Telegraph NatWest 100 Female Entrepreneurs to Watch*）。更多資訊請參閱thosethatdare.com。

要與眾不同、讓別人注意到你，談何容易。人們每天都被大量品牌送出的海量銷售訊息淹沒。爭奪世人注意力的競爭如此激烈，也難怪行銷人員要觸及受眾都不容易做到。

所以，如何在一團混亂中觸及你的客群？你必須設法在受眾心中留下深刻的印象，這樣有朝一日他們需要你銷售的產品或服務時，你才會是他們想起來的公司。

人在購買時會經過一個複雜得超出想像的決策過程。像是價格或便利性這些，是明顯會影響採購決策的條件，但潛

在買家也可能受到當時心情、一天中不同時間、過去經驗、工作、金錢、成長背景等各種因素影響——真要說的話可是沒完沒了。

這些影響當中，有些會成為意識決策。舉例來說，如果你最近手頭很緊，你可能會挑最便宜的買。但許多選擇，是出自更深層的因素。事實上，哈佛商學院教授傑拉德·查特曼（Gerald Zaltman）指出，人們的購買決策中有95%是由潛意識決定。

體驗式行銷的目的就是直接對那個潛意識下手，在受眾心中打造情感連結和正面回憶。如果成功了，那下回某個受眾需要相關產品或服務時，就會選擇你而非你的競爭對手。

好處還不止於此。人不一定相信品牌和廣告，但人相信人。一旦你提供消費者有價值的體驗，他們在談話或貼文中談到這個體驗的可能性會提高，這就是使用者原創內容（UGC），也是你所能得到的最有價值的行銷。

以下10點，將有助你從體驗式行銷與使用者原創內容收割最大利益：

1. 一同創造回憶。體驗式行銷涵蓋許多種類的活動，從大型活動到簡單的線上對談都算。關鍵在於讓受眾參與並與他們互動，創造回憶，喚起感觸。傳統上認為實體活動

是體驗式行銷的基本配備,但如今許多企業開始拓展體驗的種類。舉例來說,電玩零售商GAME公司在購物區設置(品牌名為「Belong」〔屬於〕)的遊戲競技場,讓玩家可以互相認識、一起同樂。使用過競技場的顧客向GAME購買的可能性更高,因為他們很享受在Belong這個社群的體驗。

2. 從小範圍開始慢慢成長。不需要一開始就把所有受眾納入體驗中。以我最喜歡的英國布萊頓搜尋引擎優化大會(BrightonSEO)為例,這個會議最初是2010年,一群人聚在某個酒吧樓上的小房間開會。如今該會議每年有數以千計的來賓,是最富盛名的行銷盛會之一。從小規模開始,能先測試不同構想,適合的再擴大規模到整體受眾。但當然你也可能決定不要擴大規模,因為有時最佳顧客關係是來自許多小型的個人化體驗。

3. 對多樣化持開放態度。嘗試不同的體驗式行銷活動,找出最適合你的。這些體驗可以是線上的,也可以是線下,或兩者兼具。實驗各種形式和風格,看看哪些能引起受眾共鳴,達成想要的結果。選擇種類繁多,舉凡圓桌晚餐到個人化購物活動都是。要知道從何處著手,不妨問問你的受眾,他們參加過並且覺得不錯的體驗和活動是什麼。

4. 不要（過分）擔心預算。體驗式行銷可以用非常具有成本效益的方法來做。有時樸實可靠強過張燈結綵，避免弄出像是華麗鋪張的銷售宣傳那種東西。數位產業專業機構英國互動媒體協會（BIMA），每週都替不同成員群主辦多場Zoom會議，讓成員彼此談話、交流學習。這個簡單有效的辦法，能強化社群成員的黏著度和歸屬感。

5. 採用測試-學習法。找幾群願意參加實驗的忠實成員，一同進行市場研究。在馬克・薛佛的行銷社群裡，成員遍布不同時區，因此我們會實驗看看在元宇宙上聚會、橋接時間差異的做法。我們在虛擬實境中碰頭，分享故事及教育性質的談話，並認識彼此。這是實驗性質的，有時確實也會出錯，但大家都非常享受這個體驗，這在社群成員間建立了強大的情感連結。

6. 把控制權下放社群。讓成員貢獻點子、幫你規畫體驗，提高他們的參與度。替你的忠實追隨者組織一個委員會，協助規畫社群走向，這會讓他們覺得自己很特別。這麼做不但能鞏固你與粉絲的連結，人手多也能減輕你的工作負擔。

7. 閃邊涼快也無妨。許多品牌的角色是擔任顧客體驗的催化劑，之後功成身退，讓受眾自己繼續找樂子。很好

的例子是手機遊戲《寶可夢GO》（Pokémon GO）推出之後，玩家會自己規畫活動、相約抓寶。

8. 參與其他人發起的體驗。不管你喜不喜歡，顧客都已經在體驗你的品牌，並創作與你的品牌相關的內容。在你啟動自己的體驗式行銷之前，先看看是否有機會加入與你品牌相關或產業內既有的活動。化妝品品牌Trinny London是很好的例子。該牌粉絲自行設立了Facebook社團、辦聚會，還自稱「Trinny幫」（Trinny Tribe）。於是該品牌決定與其自己推出社群體驗，不如支援既有社群，他們替不同社團製作標誌，並推廣給其他顧客。

9. 給粉絲分享故事的機會。體驗式行銷並不止步於體驗，它還會導向後續的口碑行銷及內容創作。藉著讓顧客參與有趣而令人興奮的活動，你替他們創造了回憶，他們會開心地與同事、親友和社群媒體上的追蹤者分享──這些分享對你的事業來說可是價值連城。

10. 讓體驗流傳。用主題標籤和競賽，鼓勵後續內容傳播。讓受眾動起來，分享照片、影片、對話或部落格──亦即我在前文中提到的使用者原創內容（UGC）。UGC非常管用，因為它如假包換，展示了你的顧客與你的（最好是開心的）互動，幫助你觸及那些不在你網路之內的潛在顧客。

利用主題標籤鼓勵發文,設法提高誘因,例如辦個小比賽,最佳分享內容能獲得獎品之類。

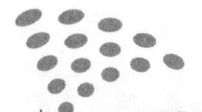

34 包容性行銷：
給所有人的行銷

> 作者

胡椒小溪（PepperBrooks）

把同理心與事業、藝術和科技融合的創意行銷策略師，也是得獎部落格主。胡椒小溪媒體公司與善心企業家合作，致力以於包容性行銷，打造與受眾的情感連結。她的願景是消除不平等，促進社會對所有人的包容。身為社會公益創業家，她深信創業是推動經濟成長及社會變革的工具。更多資訊參閱見 PepperBrooks.com。

你有過被冷落的經驗嗎？還記不記得當時的感受？

大多數人或多或少都有過情感上的孤立經驗——感覺與他人隔絕，覺得孤單。想像一下**總是被忽略或不受重視、總是被排拒於重要談話和經驗之外**的感受。

想必很受傷。

現在，想想身為企業主的影響力。在鎖定某個顧客區隔

的同時，你忽略掉也孤立了其他人。你永遠有機會向一群多元的新受眾拓展你的觸及，提升你的品牌知名度。有效執行包容性行銷策略，不但能擴展品牌認知度，更能善盡你的社會責任。

包容性行銷能撤除橫擋在你和未來顧客之間的阻礙。當小型企業認識到多元化刻不容緩，並在企業文化和行銷策略上都整合多元概念時，顧客會更為忠誠——未來飛躍式的成長也指日可待。研究顯示，支出市場上長期被忽略的消費者，握有超過8兆美元的購買力！

接下來我們探討10個方法，來開展你的眼界、觸及這些顧客：

1. 從你自己開始。承認自己的個人偏見，檢討自己是否有些假設、刻板印象和先入為主的想法，想想這些偏見是打哪兒來的。仔細梳理自己的思考，找出可能需要更多資訊和教育的部分。直面自己的意識和無意識偏見並非易事，可能讓你感覺不舒服。但這項練習同時也是當務之急，是你對自己的挑戰，更是成長的契機。

2. 想像取得身分認同前的自己。想像自己是個還在子宮裡、尚未發育成熟的人類。不知道自己會出生在哪；不知道自己會有怎樣的外貌、體格、性別和宗教信仰；不知道自

己會說哪國語言；也不知道自己能不能受教育、有沒有錢。在這個畫面定格一會兒，再想像自己設計行銷策略。你不會定出一套傷害到自己的行銷策略，對吧？哲學家約翰・羅爾斯（John Rawls）認為，我們應該裝做不知道自己是誰、不知道自己的環境條件，才能有更公平客觀的想法。

3. 極大化你的觸及。企業應該照顧到不只一個世代，以及每個世代特有的購物需求。對於不使用數位媒體的年長世代來說，傳統行銷是最基本的行銷形式。這通常包括印刷、郵件行銷和電話行銷。放大你的影響圈，「到有魚的地方釣魚」！

4. 考慮仿生閱讀（bionic reading）。這個段落是否比其他段落容易閱讀？這個新閱讀系統稱為「仿生閱讀」，是由排版設計師卡薩特（Renato Casutt）開發。「仿生閱讀」將每個單字的頭幾個字母加粗，創造視覺的固定點，讓大腦有機會快速補入該字的剩餘部分，藉此達到更快速的閱讀體驗。排版會影響讀者處理資訊、以及與你的產品或服務互動的方式。字型會吸引注意力，向你的理想客戶傳達特定訊息。在你的視覺資產中適當地使用仿生閱讀，可能進一步促成你與患有閱讀障礙或注意力不足過動症（ADHD）消費者的互動。目前有支援仿生閱讀的行動應用程式和瀏覽器

擴充功能。

5. 排版的影響。你讀過用手寫體或草書字型排版的行銷合約嗎？對你來說，這樣的排版是否會損及訊息的重要性或專業度？要是美國憲法用草體字排版會怎麼樣？另一方面，如果你在文件下方畫個大叉而不簽名，這份文件依然具有法律效力嗎？排版關乎選擇和風格，在下決定之前應該審慎考量。有些字型比其他字型易懂。易讀易懂的字型不會阻礙或拖慢消費者的閱讀速度，而你的消費者包括有各種視覺障礙的人士。這裡是規畫字體的五個成功要素：

- 看向目標受眾以外的客群。
- 贊同並支持改變。
- 決策時把研究及數據納入考量。
- 規畫並排定（若需要）分階段修改或調整的時程。
- 考慮你希望觸及個體的價值觀及需要。

6. 色彩探索。視覺教學聯盟（Visual Teaching Alliance）指出，大腦處理的資訊中有90％為視覺資訊。視知覺（visual perception），特別是色彩，是一種有力的非言語溝通形式。美國教育家戴爾（Edgar Dale）指出，人能記住65％看到的東西，而聽到的只能記住10％。有些色彩聯想是普遍被接受的，像是綠色代表自然，藍色代表水或天

空，但色彩的意涵在世界各地可能有許多差異。（插播一下英國數學家及物理學家瑞利男爵的有趣發現：天空其實是紫色的，之所以看起來是藍色，是由於人眼的限制及對光的敏感性。）這些差異會依個人經驗、所在的社會，以及我們是否有色覺辨認障礙（色盲）而定。色彩含括豐富的意義及概念，了解色彩並有意識地使用它們，會成為行銷的一大助力。

7. 探索聲音。語音社群平台正方興未艾，在這裡你可以與顧客進行即時對話，建立連結。有些企業會開發「聲音標誌」（或「聽覺logo」）。聲音標誌能導入、擴充並使人聯想到聽覺的品牌識別。特別是你的企業標誌經常與其他品牌混淆、或你希望在飽和市場中脫穎而出時，聲學版本的企業標誌特別管用。在零售空間播放音樂也是聲音品牌打造的一種形式。許多聲音標誌是三和弦，由三個音符組成。在家中用不同「樂器」（如湯匙、鍋碗瓢盆、口哨）實驗，並錄下結果。在視覺溝通之外，還提供好記聽覺辨識的品牌，更能留住顧客。

8. 認識觸覺的力量。觸覺是嬰兒最早發展的感官，對情緒及減壓有顯著影響。觸覺也是所有感官中最容易被忽略的，儘管我們每天都在壓推拉碰中接收許多觸覺資訊。隨著

網路興起、線上購物發達，觸覺行銷更不容易。隨著科技的進步，蒂芙尼藍書（Tiffany's Blue Book）、消費者自選商店（Consumers Distributing）、西爾斯（Sears）、傅利曼斯（Freemans）等型錄商店成為遙遠的記憶，翻著型錄書頁、圈起想要的商品、把書頁折角等這類購物體驗，幾乎已經絕跡。這些商店要不是已經停業，就是已由電商門市取而代之。然而觸覺是建立消費者信任感、安全感，拓展品牌體驗的好機會。舉例來說，由日本女子大學設計開發的一款彩色觸覺標籤，可以縫綴或熨燙至衣服、帽子、提袋、毛巾或窗簾等各種需要描述性資訊的物品表面。他們的目標是讓社會上的每個人都能享受色彩及實體互動。這樣的觸覺創新讓我們學到很多。

9. 忠於自我及自己的人性。不要一見面就想推銷東西。今天的消費者很精明，能立刻看穿虛假不真誠，而且看清之後就頭也不回地離開，把錢花到其他品牌去。請體現你的品牌宗旨。用包容多元背景的人群、接納不同想法和觀點，來發揮行銷的力量。無時無刻體現包容精神，而不只是在某某關注月或某某活動時才跟著搖旗吶喊一番。從能與新舊顧客培養真實關係與連結的角度，去定位你的事業。「有人性的」品牌可大可久，當品牌領袖對人——而且是對所有

人──有真誠的關懷,該品牌在社群媒體能獲得更多使用者原創內容,評價就會更好,口碑銷售也會有所提升,而這些都是競爭優勢。

10. 包容性行銷就是行銷。

〔結語〕

馬克・薛佛

終於來到本書的尾聲,我希望各位都能同意,我們這個RISE社群一起創造了非凡的成果。

不過各位手上的這本書,只是冰山的一角。參與本書製作的36人中,只有我和其他兩三位出過書。也就是說,除了撰寫一篇有說服力又跟得上時代的文章所帶來的智性挑戰,每個人都還承受了創作一本書這種全新經驗所帶來的喜悅與苦惱,面對情感上的艱難考驗。對我來說,出這本書最有趣的部分是見證整個過程中流露的許許多多情感:恐懼、同情、焦慮、雀躍、疲憊、沮喪、驕傲和勝利感,還有更多更多。

這是我從未有過的體驗。這不只是一本書,還是場實境秀!

但我們一起走過來了。當某個寫作者感覺緊張或不確定的時候,其他人會靠過來提供支持、建議,甚至幫忙做些編修!過程中我們當然都學到出書的種種,但我們也來到一個新的情感空間,得到友誼的滋潤。

我們的目標是創造出神奇的事物。我認為這本書是給世

界的禮物。我們運用總計超過750年的專業經驗，傳遞行銷上一個嶄新而實用的視角。對我們自己而言，這本書也是寶貴的禮物。是一份綜合了新經驗、新觀點與自信，專屬個人的神奇禮物。

　　我不知道RISE社群的下一步是什麼，但我們才剛開始。我期待你加入我們的旅程！我們期盼一同學習行銷的未來，而本社群對所有人免費開放。想要知道更多關於RISE社群的資訊，請至www.businessesgrow.com/community。

〔致謝〕

除了貢獻傑出作品的諸位作者，還要特別向以下人士致謝：自告奮勇負責每個章節編輯工作的RISE社群成員喬安・泰勒、布萊恩・派柏和丹尼爾・奈索；慷慨借用Zoetica媒體公司幫忙打書的凱咪・海斯；運用AI設計替本書製作封面的法蘭克・普蘭德葛斯。

以及負責書本內頁設計的凱利・艾克斯特（Kelly Exeter）；擔任本書最終潤飾的編輯伊莉莎白・里雅（Elizabeth Rea）；有聲書編輯貝姬・尼曼（Becky Nieman）。